漂浮育苗病虫害物理防治技术与应用

周为华　易忠经　刘滨疆　主编

中国农业出版社

编委会名单

前　　言

烤烟漂浮育苗技术始于1987年，经过近30年的发展，已经成为烤烟育苗集约化、专业化、商品化的基本象征，是育苗工作的一场“革命”，现已被广大农民推广应用到大农业。其主要技术特征是通过可以实施环境控制的设施培育出适龄、充足、茁壮、整齐一致的烟苗。但随着人们对“舌尖上的安全”关注，卷烟作为入口的嗜好品，加之吸烟对健康影响，其原料烟叶质量安全已在行业内引起高度关注。烟叶质量安全，是“产”出来的。育苗环节作为烤烟生产的基础，其育苗环境、育苗过程的把控是切断污染物进入烟叶的第一关口，但随着年复一年的使用，其内的病原物累积程度逐渐增高，毁灭性病害发生频度愈来愈高，由此引发的植保问题是农药的品种和使用量也在增加，为此，烟草领域亟须一种能够最大限度降低农药使用量的植保模式。本书就此问题，结合果蔬生产领域的物理植保技术并针对现行的漂浮育苗植保模式，阐述一套行之有效的、以物理植保技术为主的漂浮育苗设施专用的植保体系，同时兼顾烟草育苗质量的标准化要求，优先推荐既有植保作用又有促进生长壮苗的双重效能的生物物理技术，以期推动烟草育苗领域洁净生产技术进步，满足烟草生产的可持续发展目标要求。

本书由周为华、易忠经、刘滨疆任主编，全书由周为华、刘滨疆统稿并定稿。杨在友、张长华编写了绪论；陈飞飞、刘航远编写了第一章；陈飞飞、张翔编写了第二章；陈飞飞、许维辉编写了第三章；刘航远、陈飞飞、丁祖胜编写了第四章；贾芳塁编写了第五章；刘航远、陈飞飞编写了第六章；张翔、杨在友、张长华编写了第七章；陈飞飞、杨在友、张翔、贾芳塁、李喜旺、王茂贤、隋俊杰、陈曦、范喜钧、丁祖胜编写了第八章；陈飞飞编写了第九章。丁伟、朱忠彬、叶江平、程联雄和王茂贤分别审阅了本书全稿，并提出了许多有益意见。

由于本书多学科交叉，编者难免在编写过程中出现缺点和错误，热情欢迎读者、专家给予批评指正。

编　者

2015年5月于遵义

目　录

绪　论

随着人们对吸烟与健康问题关注的普遍增强以及《烟草控制框架公约》的监督执行，烟草工业对烟叶原料的要求越来越高，不但要求烟叶成熟度好，可用性强，化学成分协调，香气质量好，而且对烟叶的安全性要求也更加苛刻。中国烟叶产量占世界总量的1/3，是世界烟叶出口潜力最大的国家。因美国烤烟价格居高不下，津巴布韦烟叶生产逐年萎缩，世界烟草商环球、德孟、大陆等跨国烟草公司对中国烟叶生产抱有很大期望，先后在中国创建优质烟叶基地，并对烟叶生产实行良好农业规范（GAP）管理，建立烟叶质量追踪系统。但由于我国缺少优质烟叶，一边是随着进口烟叶关税的下降，国内烟叶价格大幅度降低，津巴布韦、巴西、美国、加拿大的优质烟叶的进口数量迅速增加，另一边则是这些跨国烟草公司又把我国填充性能好、价格低廉的烟叶销往世界各地。中国优质烟叶的生产也未能因跨国公司的进入而健康发展，其中的原因与中国烟草种植的土壤、水源、空气紧密相关，更与烟草病虫害发生的特点与植物保护相关。在满足以利润为目的的烟叶生产要求的同时，与积极的环境保护之间寻求一种友好平衡则是优质烟草生产的基本要求，物理的植保技术与环境控制技术的结合不仅仅是为了预防烟草病虫害和获得健壮的烟苗，更重要的是建立符合中国烟田的优质烟草生产技术体系。本书着重阐述的漂浮育苗病虫害物理防治技术和应用是针对如何获取烟草早春育苗壮苗和解决农药残留问题而来的，物理防病的目的是为了壮苗、降低工作强度和确保烟草安全。

壮苗是工厂化烟草育苗的基本要求，就烟草育苗的季节来看，中国南方为低温寡照时期，高湿则是北方温室育苗的常态，因而南北方这一时期的烟苗生长受气候影响很大且病害多发，保苗壮苗任务格外重要。为了获得生长一致的壮苗，避免极端气候和病害带来的危害，育苗设施就需要配置一些防灾减灾和壮苗的装备，以此确保大田用苗的数量和质量并降低植保的工作强度。传统的育苗设施少有系统化的设备配置，如空间电场、二氧化碳、光照等光合作用一体化促进设备，还有根温和根际氧气含量的控制设备以及提高单位土地面积产苗立体栽培设施的设备配置和技术储备仍然处于起步状态。最近几年的农业设施环境控制理论和技术的研究及实践活动正在试图改变现状，一些成熟的技术已经集成为可推广的生产模式，如空间电场与二氧化碳同补促生长技术、立体补光带电促生栽培设施等[1-3]。随着安全烟草科技的推进，认真总结和实践新技术终会确定一套行之有效的烟草高效、优质、安全生产模式。

在烟苗植保和农药残留方面，烟苗病虫害的防治仍然以化学农药为主，其危害严重的残留更主要的是杀虫剂的使用引起的，杀真菌剂残留通常是会自行降解的，物理防治的重点就是虫害和真菌危害。据有关报道，全国烟草生产中每年使用的农药为4 500～8 000t，目前烟草科学合作研究中心（CORESTA）关注有机氯类、有机磷类、氨基甲酸酯类及生长调节剂类中的23种农药，如拟除虫菊酯杀虫剂、有机磷杀虫剂、含氮农药以及高效氯氟氰菊酯、氟氯氰菊酯、氯氰菊酯、氰戊菊酯、溴氰菊酯、克百威、甲萘威、甲基对硫磷、毒死蜱、马拉硫磷、杀螟硫磷、对硫磷、倍硫磷、甲胺磷、速灭磷、久效磷、甲霜灵、磷胺等。烟草的农药残留主要来源于喷雾施药和环境污染两个方面，其中施药是通过吸收、输导进入烟株汁液中的，而环境污染多数是某些残效期长的农药，如有机氯杀虫剂、涕灭威，随水分进入烟株，虽然这些农药会在烟苗酶的作用下逐渐分解消失，但速度比较缓慢，在收获时烟叶中往往尚有微量的农药及有毒代谢产物的残留。从烟草全生育期来看，漂浮育苗期间施药看上去对收获后的烟草药残不会产生太大的影响，但有许多蔬菜方面的研究报告指出，苗期使用的多种杀虫剂均可在籽粒期检测到[4]。由此，要获取优质烟草首先得从苗期开始减少和杜绝农药的使用，防虫网、诱虫灯、空间电场防病促生机以及浮盘的灭菌消毒设备等的使用都可用于替代化学品杀真菌剂、杀虫剂、杀细菌剂的使用。近年来农业领域的物理植保技术集成体系不断更新完善，投入成本也在迅速下降，尤其是物理植保液的诞生，解决了植物生产领域最头疼的蚜虫、红蜘蛛、蓟马等害虫的防治问题，新的烟草生长全程物理植保体系的建立更加容易、高效、经济。

烟草漂浮育苗病虫害物理防治技术的应用贯穿于烟草育苗的全过程，从苗盘的灭菌消毒到播种后出苗、苗生长再到成苗过程均应有实时预防病虫害的硬件配置，而且还需要人工介入病虫害的防治，尤其是对蚜虫的防控。在编写本书时，物理植保液面市了，为物理植保技术的完善和完全替代农药以及硬件设置成本的降低带来了飞跃。结合当前农业物理植保技术应用状况，就烟草漂浮育苗病虫害物理防治技术实践成果做一详细阐述和未来发展趋势的研判，以此向人们展示一种不断完善的优质烟草或有机烟草育苗模式，并逐步成为烟叶质量追踪系统安全性可靠的起始点，为全面快速提升中国烟叶生产技术和质量管理水平，促进优质烟叶生产规模成型奠定技术基础。

参考文献

[1] 刘滨疆，雍红月．静电场促控植物生长条件的研究［J］．高电压技术，1998（4）：16－20.

[2] 马正义．温室空间电场/二氧化碳同补理论与实践［J］．世界农业，2005

（7）：49－52.
［3］贾生．温室电除雾防病促生系统对4种蔬菜使用效果对比［J］．农业工程，2013，3（S2）：59－62.
［4］韩梅，陈占全，郭石生，等．农药使用次数对油菜植株和籽粒中农药残留量的影响［J］．河南农业科学，2011（11）：79－84.

第一章　漂浮育苗技术

漂浮育苗技术始于20世纪80年代末，美国烟草采用漂浮育苗法进行育苗。与传统育苗法比较，它具有可减少移栽用工、节省育苗用地、便于烟苗管理、有利于培育壮苗、提高成苗率等优点。

1.1　基本概念

漂浮育苗又称漂浮种植、浮动园艺（floating garden），是一种特殊的育苗方法，是将装有轻质育苗基质的泡沫穴盘漂浮于水面上，种子播于基质中，秧苗在育苗基质中扎根生长，并能从基质和水床中吸收水分和养分的育苗方法。大多数的漂浮育苗技术是采用发泡育苗穴盘进行生产，在育苗盘内添加泥炭、蛭石等无土栽培基质，播种后放入水床中，育苗盘底部留有小孔，以利于植物根部对水分和营养的吸收。见图1-1。

图1-1　漂浮育苗

1.2　适用范围与优势

它多用于生长期较短的绿叶类蔬菜、烟草等植物的育苗，可保证植物大田生长的一致性，避免传统栽培方式引起的土壤病虫害问题，限制并减少农药的使用量，被广泛用于世界各地的温室种植。漂浮育苗的栽培环境具有高密度、高湿度的特点，因此对于病害的管理，尤其是病原体的传播和感染，显得很重要，对于生产资料和工具以及操作过程要严格消毒，以保证病原体及害虫没有机会侵染到植株。

1.3　漂浮育苗存在的问题

首先是病害问题，它包括烟草立枯病、灰霉病、黑胫病、病毒病以及阴天寡照引起的多种生理病害。其中病毒病与蚜虫传播有直接关系。控制住这些病害对获取优质烟苗具有决定性意义。其次是生长速度问题，就是如何通过物理方法取得烟苗的早生快发并能缩短苗期的功效。

1.4　育苗物资的消毒

它包括育苗棚、池消毒及育苗盘、育苗基质、剪苗器械的消毒。

1.4.1　传统的消毒方式

育苗棚、池的消毒通常采用斯美地熏蒸法；育苗盘可用 0.5%或 0.05%～0.1%高锰酸钾溶液浸泡 4h 或 0.2%～0.5%次氯酸钠溶液（84 消毒液）浸泡 0.5h，再用清水清洗干净。育苗基质可用广谱型杀虫剂、杀菌剂分次进行喷洒消毒；剪苗器械的消毒采用 75%的酒精擦拭或用酒精灯烧进行消毒。

1.4.2　物理消毒方式

育苗物资物理消毒装置：这是一种物理化学联合消毒设施，商品名为 3DH－280/36 型水体电灭虫消毒机，育苗盘和育苗池均可以采用这种方法进行消毒。含氯盐水如氯化钾经电解会产生次氯酸盐、次氯酸等强氧化剂，同时溶液伴有较高的温度，这种高温型含氯消毒剂对苗盘和苗池的消毒以及苗盘苗池积累的有害物质的分解有着很强解毒作用。见图 1－2。

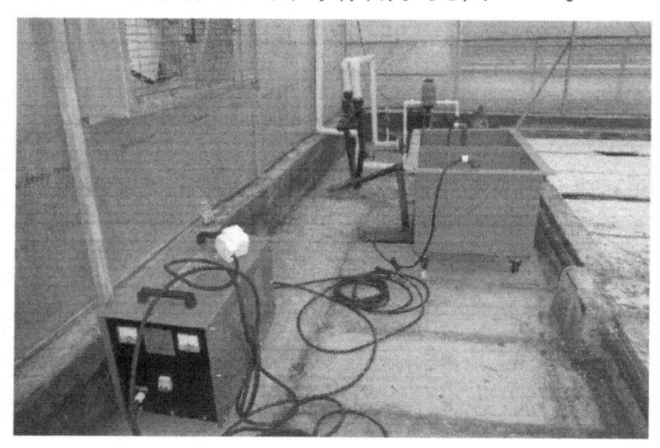

图 1－2　育苗物资物理消毒装置

剪苗器械的消毒：可使用剪叶促根物理消毒装置，这是一种原子氧喷管与割刀相结合的可预防切叶传播病害的装置。见图 1－3。

图 1－3　剪叶刀物理消毒装置

育苗棚的消毒或解毒：物理消毒的方式是在设施内设置温室电除雾防病促生机，利用直流高电压的空气净化作用、空气电离作用以及促表面水分蒸发作用可消除整棚的生物危险。

育苗基质的消毒：物理方法是 55℃ 以上高温闷杀虫卵和钝化病菌病毒。

1.5　育苗基质及装盘与播种

育苗基质的选用：按照《烟草漂浮育苗基质》（YC/T 310—2009）执行。其中，育苗基质的 pH 是影响烟苗生长的主要因素，过高的 pH 往往造成某些元素无效化，导致烟苗表现缺素症，同时造成营养液中氨的积累，适宜的 pH 是 5.5～6.5。同时要注意育苗基质有机质含量不能太高，太高会使根系产生螺旋状或扭曲成不规则形状的、不产生侧根的僵化根系。另一影响烟苗生长的主要因素是基质含盐量，而且出苗期的营养液的电导率也要保持在最低值。比较合适的育苗基质饱和浸出液的电导率应该为 EC（25℃）≤1 160μS/cm，这样就可以有效降低基质盐渍化对漂浮育苗的影响。

装盘：将湿润的基质填满已消毒的育苗盘的孔穴，基质装填要充分、均匀，松紧程度要适中，以用手轻压不出现基质下落为度。疏松是为了通气而避免螺旋根的产生，同时也是为了避免盐分积累形成的盐渍化。

播种：根据移栽期确定播种时间；每个育苗孔穴内播 1 粒包衣种子；播种深度为 2mm 且将烟种播在孔穴内，再用基质覆盖。见图 1－4。

图 1-4　育苗盘播种

1.6　池厢水分管理

漂浮育苗水分管理的原则是“先少后多”。从播种至大十字期营养液水量逐渐由最初的 3cm 增加至 5cm。

1.7　间苗和定苗

在小十字期进行，拔去穴中多余的苗，空穴补一苗，保证每穴一苗。

1.8　营养液养分管理

营养液配方和日常管理决定着烟苗的生长速度和健壮程度。

通常漂浮育苗均采用育苗专用肥或烟用复合肥。氮磷钾比例以 1∶0.5∶1 为宜且施肥浓度原则上是营养液的总盐分不能超过 0.3%。烟苗生长前 30d，营养液中氮素浓度以 100～150mg/kg 为宜，播种 35d 以后以 150～200mg/kg 较适宜，磷和钾的浓度按上述 1∶0.5∶1 添加即可。

在传统营养液配置的基础上，采用农药废弃物制肥机获取的灰分、烟气液态肥、二氧化碳三态肥对烟苗的生长有显著的促进作用。未来漂浮育苗的肥料配方还有很大的改进空间，其中，利用灰分和烟气液态肥将成为研究与应用重点方向。

1.9 营养液 pH 管理

营养液的 pH 要求在 5.5～6.5。采用 pH 计测定营养液 pH，偏高时加入适量 H_2SO_4 校正，偏低时加适量 NaOH 校正。每添加一次营养液，校正一次 pH。见图 1-5。

图 1-5 营养液酸碱度的监测

1.10 温湿度管理

温湿度一般可通过棚膜的揭盖进行管理，但早春气温低，通风往往会降低温度影响生长，最好的调温湿方法是在温室内设置空间电场。见图 1-6。

图 1-6 漂浮育苗设施湿度控制的空间电场设置

烟苗生长期的苗盘表面温度保持在20～25℃最佳，其出苗率高、出苗整齐一致。

从出苗到十字期，以保温为主，因空间电场的存在，棚室相对湿度永不能达到90%以上，故无需通风排湿。但在晴天中午气温高的情况下（棚内温度>30℃），可通风降温。

从十字期到成苗，极端高温的管理格外重要，当棚内温度超过35℃必须放风，以防高温烧苗。

成苗期，将四周的棚膜卷起，加大通风量，使烟苗适应外界的温度和湿度条件。

1.11 光照管理

漂浮育苗工场多数采用自然光做光照，光照强度以8 000～25 000Lx为宜。补光可采用小型浴霸灯，因为需要补光的时候往往棚温非常低，补光功率建议50W/m^2。全天候或植物漂浮育苗工场的补光一般采用LED灯或专业植物灯。

1.12 二氧化碳管理

对于棚室型漂浮育苗工场，二氧化碳浓度的管理应纳入标准管理程序。常规、有光照的条件下，将二氧化碳浓度补充至450×10^{-6}～$1\ 200\times10^{-6}$且保持2～3h。最佳的增补方式为每间隔3～5d补一次，连续补充叶片容易老化且生长速度降低。

最新的二氧化碳浓度管理应为全天候昼夜间歇控制，此方式有利于植株全株重的增加。

1.13 剪叶

在育苗期间，一般剪苗3～5次，全盘剪高度距生长点3～4cm。

前促：当烟苗长到5片真叶时开始第一次剪叶，即控大苗，促小苗。将大苗的叶片，特别是将遮住小苗的叶片剪去，保证小苗充分通风透光，一般每隔5～7d修剪一次。

中稳：第二次剪苗时，保证烟苗生长的地上部分和地下部分协调一致和整盘烟苗生长的均匀性。

后控：到烟苗接近成苗时，根据移栽期通过剪苗适当控制烟苗的生长，确保移栽大田时的壮苗整齐划一。

1.14 病虫害防治

烤烟漂浮育苗的病虫害防治要以预防为主，消除病原，控制发病条件。鉴于烟草农残的控制要求，漂浮育苗的病虫害防治已由传统的农药防治转向物理防治。常用的物理防治方法有物理植保技术，比如水媒传播的青枯病、猝倒病以及霜霉病等可利用空间电场生物效应中的空间电场防治法予以控制，而飞翔类蚜虫等可以通过设置防虫网、诱虫灯相结合的阻隔-电击杀法控制，或采用物理植保液实施灭杀。对于非常特殊的白粉病，则可以采用空间电场与烟气二氧化碳同补方法预防。蛞蝓、线虫的危害可以采用育苗物资物理消毒装置进行控制。

第二章　常见病虫害与物理防治

漂浮育苗期间的病虫害与大田相比少了许多，除了气候因素以外，营养液栽培的应用克服了土壤栽培的诸多问题，如连作障碍、根结线虫以及其他地下害虫的危害，但封闭和潮湿的环境更适合另一类群的微生物和昆虫生长，因而漂浮育苗设施的病虫害的物理预防只要采用隔离、净化、诱控等实时防控手段就可轻易达到良好的植保目标。

2.1　气传病害

在漂浮育苗温室，气传病害是通过通风和雾气生成造成的空气流动传播的，流动的空气携带着病原孢子、菌丝，他们落在植株上、浮盘上便会伺机在温湿度适宜的环境条件下快速增殖。灰霉病、霜霉病、炭疽病三种病病原孢子、菌丝随风或大棚棚膜滴水传播，它们对湿度、紫外线、电磁辐射、臭氧、氮氧化物等氧化剂敏感，可以通过空间电场防病促生机防治。另一方面，空间电场的空气净化作用能够切断这类病原物的传播渠道。

白粉病是一极其特殊的真菌病害，它以闭囊壳随病残体留在地面上越冬或在温室中以菌丝体在病株活体上越冬。其子囊孢子和分生孢子主要以气流传播，萌发产生出蚜管通过角质层和表皮细胞壁直接侵入寄主表皮细胞体内。环境相对湿度大，温度在16～24℃，此病易流行。密度过大，光照不足，氮肥过多，徒长苗易发病，如将空气大量氮肥化，带电多层栽培系统的底层就易发白粉病。白粉病对湿度不敏感，但对紫外线、含硫气体以及高浓度二氧化碳、钙离子、钾离子敏感，对其控制无论是化学的还是物理的、生物的方法难度都较大，但在营养液中增施碳酸氢钙、硫酸钾，同时采用空间电场与烟气二氧化碳同补技术便可轻而易举地实现预防目的。

2.2　水媒与基质传播病害

在漂浮育苗设施内，通过营养液和基质传播的病害有根腐病、软腐病、猝倒病、茎腐病、青枯病等，前面提到的炭疽病也可以通过营养液快速传播。这类病害侵染烟苗的时机多为环境因素造成的植株组织的破坏，其中温度变化急剧或久阴忽晴造成的根、茎损伤极易引起上述病害的发生。根与水、大气以及茎与基质、大气相交的界面也是多种微生物繁殖的最佳区域，同时这些界面又是温湿度、氧气浓度、pH、电导率值以及光、二氧化碳浓度等参数因气候因素变化而变化的“极端敏感区”，因此，控制环境因素的变化以及降低或抑制病原微生物数量是预防病害发生的关键点。

现有的物理防治技术主要包括温湿度控制设施、补光与二氧化碳增补设施、空间电场系统等。传统的温湿度控制系统只做了通风方面，而育苗工场也就是真正意义上的植物工厂，则有温度、湿度精细调节系统，蔬菜领域的植物工厂的实践证明了根茎病害是可以通过精细的温湿度调节控制的。补光与二氧化碳增补是壮根防病的关键，根活力的提高以及茎纤维素含量的增加对抗病有着很好的增强作用。空间电场生物效应及其空间电场防病促生技术则是一种新知识新技术，正向空间电场能使界面表面张力急剧减弱的电动力学原理可致水分蒸发加速，其结果将导致根茎病害的减少，同时空间电场带来的根际水分微电解反应可使根际氧气含量提高，根活力的提高进而降低了根茎病害的发病率。

2.3 工具接触传播病害

漂浮育苗设施使用的工具主要是剪叶机，其传播的病害包括病毒病及以上所有种类，因此，剪叶刀的消毒极为重要。在剪叶规程仍然有效的情况下，采用实时消毒的剪叶促根物理消毒装置是必要的。

2.4 飞翔类害虫

漂浮育苗一般为早春与初夏前，此期已有一些害虫危害，其中飞翔类害虫主要包括有翅蚜虫、蓟马、斜纹夜蛾等。

预防飞翔类害虫的主要方法就是网隔离，即采用40～60目的防虫网。另一方面，这类害虫多有趋光性、趋色性，因而配置一定量灭虫灯也是有效的，但要在设置防虫网的前提下。如有群居性害虫发生，可采用物理植保液进行灭杀。

2.5 爬行类害虫

有蚜虫，部分地区还有蛞蝓、蜗牛一类。这类害虫的控制可使用物理植保液防治。

2.6　基质害虫

浮盘基质中的害虫几乎不存在。只要装盘的基质是严格消毒或高温腐熟的、种子又为统一播放的包衣种子，在烟苗生长期不会存在虫害问题。如发现有虫害，有效的方法是将浮盘移放到500倍液的物理植保液中浸泡1～2min。

2.7　营养液中害虫

营养液中的害虫极为罕见。有些地区发现营养液内有类似于线虫的细小虫体，但它不危害根系。如营养液内有危害的害虫，可用水体电灭虫消毒机处理。

2.8　藻类控制

在育苗池和育苗盘的表面产生绿藻是烟草漂浮育苗中的常见问题之一。漂浮育苗的基质通过毛细管和浸润作用将营养液吸收上来，富有矿物质营养和水分的基质不但是烟种萌发和烟苗生长的基础，也是藻类生长的温床。藻类可在育苗基质表面、育苗池和育苗托盘的水质中疯长，它的生长对烟苗生长的影响主要是矿物质营养和氧气的掠夺以及分泌物对烟种发芽以及根系生长的抑制，如果绿藻附于烟苗叶片及生长点上会严重抑制烟苗的生长。见图2－1。

图2－1　苗盘上的藻类

物理防治藻类生长主要措施包含两种方式：黑色浮盘与黑色薄膜做池底铺垫，设置空间电场防病促生机干燥浮盘表面。

2.9 浮盘的消毒

浮盘是一类重复使用的育苗盘，每一茬烟苗总会留下多种嗜烟苗风味成分的微生物，其中不乏沉淀有病原微生物，还浸渍有根系分泌的酚酸类有毒物质。

病原微生物以及酚酸类物质的灭活、分解或清除可采用育苗物资物理消毒装置（或称苗盘电消毒机、水体电消毒灭虫机）进行控制。

2.10 基质盐渍化的控制

漂浮育苗的水分和养分的供应是通过毛细孔作用从下往上运输，由于水分和养分的蒸发作用会导致盐分在基质表面的大量积累，从而产生盐害。其原因往往是因为棚室温度较高，通风降温时水分蒸发快，出现盐析现象，进而使盘表盐渍化程度增加。那么，在当棚室采用了物理防治病虫害的体系时，因空间电场的存在，空气洁净且湿度远比常规棚室低，进而不需经常通风，这就减少了通风造成的蒸发量而降低盐渍化程度。但由于空间电场的设置又会加速盘面和盘眼中的栽培基质的水分蒸发，这在抑制藻类生长中格外明显，然而夜间由于气温的降低，空气中的水汽又会凝聚成雾滴，空间电场又会将其推回到苗盘上，白天发生的盐渍化夜间又消失了。因此，漂浮育苗设施可以采用空间电场发生设备温室电除雾防病促生机来控制栽培基质的盐渍化。见图 2－2。

图 2－2　空间电场控制浮盘基质盐渍化

第三章　环境与营养控制

这一章节的内容在前述漂浮育苗技术章节给出了一些介绍，但以下章节将详细阐述普通漂浮育苗设施、漂浮育苗植物工场的补光栽培、二氧化碳气肥增施、营养液的管理。

3.1　光照

光是影响植物生长发育的基本因素之一。光控发育的过程是由多个光受体参与的复杂过程。光信号受体有三种：感受红光和远红光的光敏色素；感受蓝光和近紫外光隐花色素；感受远紫外光 UV-b 受体。这些光受体感受不同波长的光，然后通过它们之间的差异调节且相互作用来调控作物的生长发育。光照是对育苗质量影响最为关键的因素之一，它包括光照强度、光照质量及光照周期的影响。

3.1.1　光照强度

烟苗的光合产物的形成与光照强度及其积累的时间密切相关。光照的强弱一方面影响烟苗的光合强度，同时还能改变烟苗的形态，如节间长短、茎的粗细、叶片的大小和薄厚等。影响光合强度的主要因素包括光照强度、二氧化碳浓度以及温度。植物生理学通常以光饱和点来描述，光饱和点一般随二氧化碳浓度的增加而提高，且适宜的温度才能确保光合作用进行。实际生产中，给予光饱和点以上的补光毫无意义，而另一方面，当光照强度长时间处于光补偿点之下，如果环境温度再高一些，那么烟苗的呼吸作用就会超过光合作用，烟苗就会消耗自身有机物，慢慢枯死。一般情况下，耐阴植物的光补偿点为 200～1 000Lx，喜阳植物的光补偿点为 1 000～2 000Lx。植物对光照强度的要求可分为喜光型、喜中光型、耐弱光型。烟苗属于喜光型植物，其光补偿点和光饱和点均比较高。了解烟苗的光照需求对设计和选用人工光源、提高烟苗生产性能极为必要。

3.1.2　光质

光质或光谱成分分布对烟苗光合作用和形态建成具有影响。阳光的波长范围为 300～2 000nm，而以 500nm 处能量最高。波长 380nm 以下的为紫外线，占太阳总辐射能的 1%～2%，380～760nm 的可见光占总辐射能的 45%～50%，760nm 以上的红外线占总辐射能的 50%左右。各区间光谱及其植物生理效应见表 3－1。

表 3-1　各种光谱成分对植物的影响

光谱（nm）	植物生理效应
>1 000	被植物吸收后转变为热能，影响有机体的温度和蒸腾，可促进干物质的累积，但不参加光合作用
720～1 000	对植物伸长起作用，其中 700～800nm 辐射称为远红光，对光周期及种子形成有重要作用，并控制开花及果实的颜色
610～720	主要为红、橙光。被叶绿素强烈吸收，光合作用最强，某种情况下表现为强的光周期作用
510～610	主要为绿光。叶绿素吸收不多，光合效率也较低
400～510	主要为蓝紫光。叶绿素吸收最多，表现为强的光合作用与成形作用
320～400	起成形和着色作用
<320	对大多数植物有害，可能导致植物气孔关闭，影响光合作用，促进病菌感染

波长 400～700nm 的光是烟苗光合作用的主要吸收区，其中 600～680nm 的红、橙光烟苗吸收最多。波长为 300～500nm 的蓝紫光和紫外线为烟苗吸收次多的区域，绿光 500～600nm 吸收最少。

波长较短的紫外线能抑制植物的生长但能提高纤维素含量，并能杀死病菌孢子。波长较长的紫外线可促进种子发芽、果实成熟，提高维生素和糖的含量。红外线对烟草的萌芽和生长有刺激作用，还产生热效应。不同的光谱成分对植物生长的影响效果也不相同，强光条件下蓝色光可促进叶绿素的合成，而红光则阻碍叶绿素的合成。在补光栽培中，单独的红光会造成异常的植物形态。实践证实适当的红光与蓝光配合才能保证培育出形态正常的烟苗，红光过多会引起烟苗徒长，蓝光过多会抑制生长。红光与远红光的配合比（R/FR）能够缩短茎节间距，可用于矮化栽培，而小的配合比（R/FR）可以促进植物生长。红光和蓝光对植物生长的影响见图 3-1。

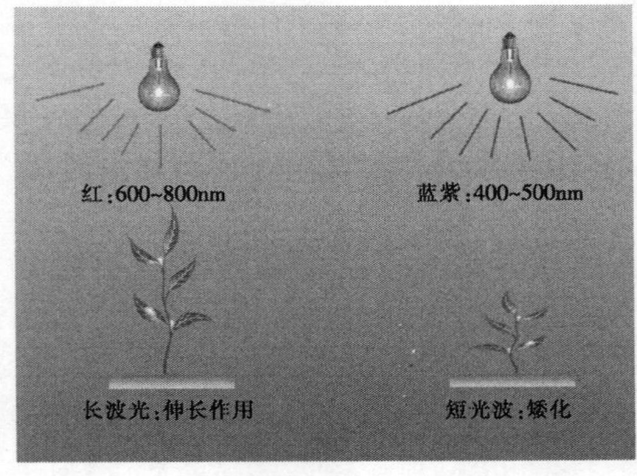

图 3-1　红光和蓝光对植物生长的影响

3.1.3 光周期

植物的光合作用和光形态建成与日长之间的关系称为植物的光周性。烟草属于短日照植物，因而为了获取烟叶产量需要增加日照长度。

3.1.4 普通大棚的光照

常规大棚的漂浮育苗通常受气候影响，能够造成严重损失的极端气候往往是连阴天。为了预防这种气候灾难，设置补光灯具是减灾不可或缺的措施。春季的连阴天往往带来的是低温，连阴 3d 以上就会带来严重的生理障碍。鉴于光照要求以及季节特性，在应急灾害气候的补光灯选用方面应兼顾补光和加温。

(1) 小型浴霸灯

在北方温室蔬菜生产中，作为连阴灾害应急的小型硬质石英浴霸灯泡用得越来越多，虽然这类灯具以红外线为主，但能够促进植物生长的 600～680nm 的红、橙光谱仍然占总辐射能量的 13%～30%。在寒冷的连阴天使用证明，挂在秧苗上方 2m 高的这种灯具与新兴的 LED 补光灯以及荧光灯相比可以更好地维持农作物的存活。经济合理的布局是 9～12m^2 设置 1 盏 275W 的小型硬质石英浴霸灯泡。

(2) 高压钠灯

高压钠灯是在放电管内充高压钠蒸气，并添加少量氙和汞等金属的卤化物帮助启辉的一种高效灯。特点是发光效率高、功率大、寿命长（12 000～20 000h）；但光谱分布范围较窄，以黄橙色光为主，缺少植物生长所必需的红色和蓝色光，并发出大量的红外热。由于高压钠灯单位输出功率成本较低，可见光转换效率较高（达 30%以上），出于经济性考虑，普通漂浮育苗设施采用高压钠灯作为寒冷连阴天的减灾措施是可行的，其布置方式按 60～500W/m^2，但相对浴霸灯的投资来讲仍然要高 70%～500%。

(3) 金属卤化物灯

金属卤化物灯在高压水银灯的基础上，通过在放电管内添加各种金属卤化物（溴化锡、碘化钠、碘化铊等）而形成的可激发不同元素产生不同波长的一种高强度放电灯。发光效率较高、功率大、光色好、寿命较高（数千小时）。其发光光谱与高压钠灯相比，其光谱覆盖范围较大。但由于发光效率低于高压钠灯，寿命也比高压钠灯短，目前仅在少数植物工厂中使用。

针对上述 3 种灯型，从常规漂浮育苗设施经济角度出发优先采用小型浴霸灯，其次为高压钠灯。图 3－2 为温室补光灯具的种类，其中，图中 3－2（1）和 3－2（2）为高压钠灯、图中 3－2（3）和 3－2（4）为小型浴霸灯。

图 3－2　温室补光灯具

3.1.5　植物工厂的光照

工厂化育苗需要占用大量的土地，建设大量的育苗大棚设施，每占用 $2m^2$ 的育苗场地可供 667 m^2 烤烟需要，育苗时间需要一季约 100d，其他时间育苗设施均闲置，造成巨大的浪费。虽然近年来烤烟育苗大棚综合利用率有所提高，但大部分使用育苗大棚种植蔬菜等，经济效益并不明显。为了节约土地、提高烤烟育苗大棚利用效率，立体育苗方式引起广泛关注。目前在烤烟生产中应用较多的有旋转式立体育苗架和多层式育苗架，旋转式立体育苗架育苗不需要人工补光，但其育苗效率与普通平面一层育苗相比仅能提高约 1.7 倍，生产中无太大的推广价值。多层式立体育苗架可设计 3～6 层，育苗效率能提高 2.4～5.4 倍，由于需要人工补光，育苗成本相对较高。针对人工补光成本高的问题，目前经济上可行的补光措施主要包括两种方式一个模式。

（1）荧光灯

荧光灯低压气体放电灯，玻璃管内充有水银蒸气和惰性气体，管内壁涂有荧光粉，光色随管内所涂荧光材料的不同而异。管内壁涂卤磷酸钙荧光粉时，发射光谱范围在 350～750nm，峰值为 560nm，较接近日光。

荧光灯光谱性能好，发光效率较高，功率较小，寿命长（12 000h），成本相对较低。此外，荧光灯自身发热量较小，可以贴近植物照射，在植物工厂中可以实现多层立体栽培，大大提高了空间利用率。但荧光灯自身也有缺陷，无论哪种类型的荧光灯都缺少植物需要的红色光，为了弥补红色光谱的不足，通常在荧光灯管之间增加一些红色 LED 光源；而且直管型荧光灯中间的光照强度较大，因此还要设法通过荧光灯管的合理布局，使光源尽可能做到均匀照射。图 3－3 为烟草立体育苗使用的荧光灯。

图 3－3　烟草立体育苗使用的荧光灯

近年来，针对荧光灯存在的一些问题，在荧光灯基础上又出现了几种植物工厂使用的新型荧光灯，如冷阴极管荧光灯、混合电极荧光灯等，寿命长达数万小时，构造简单，还可制成很细的荧光灯具，备受植物工厂用户关注。

①冷阴极管荧光灯。其主要特征为：a. 寿命长，可达 50 000h，是普通荧光灯的 3～8 倍；b. 光谱好，具有适宜于作物生长的红蓝光谱组合；c. 节能，比普通荧光灯节能 30%以上；d. 低温，表面温度低，近距离照射，节省空间；e. 低成本，成本仅为荧光灯的 2 倍左右。

②混合电极荧光灯。除同样兼具普通荧光灯的低成本、低发热等优点外，还可以根据植物生长需求提供红光、蓝光与远红光的光谱组合，使植物生长与发育处于最佳状态，达到与 LED 同样的省电效果。优点：高亮度，高效率，长寿命，轻型化及省电低成本。成本仅为荧光灯的 2 倍左右。

（2）LED

密闭型漂浮育苗植物工厂使用的 LED 能够发出植物生长所需要的单色光（如波峰为 450nm 的蓝光、波峰为 660nm 的红光等），光谱域宽仅为±20nm，而且红、蓝光 LED 组合后，还能形成与植物光合作用与形态建成基本吻合的光谱。与普通荧光灯等相比，LED 主要具有以下显著优势：

①节能。LED 不依靠灯丝发热来发光，能量转化效率非常高，目前白光 LED 的电能转化效率最高，已经达到 80%，普通荧光灯的电能转化效率仅为 20%左右，所以，白色 LED 的节电效果可以达到荧光灯的 4 倍。

②环保。现在广泛使用的荧光灯等人工光源中含有危害人体健康的汞，这些光源的生产过程和废弃的灯管都会对环境造成污染。而 LED 没有任何污染，并且发光颜色纯正，不含紫外和红外辐射成分，是一种“清洁”光源。

③寿命长。LED 是用环氧树脂封装的固态光源，其结构中没有玻璃泡、灯丝等易损坏的部件，耐震荡和冲击，寿命达 5 万 h 以上，是荧光灯的 5 倍以

上，是白炽灯的100倍。

④单色光。LED发出的光为单色光，能够自由选择红外、红色、黄色、橙色、绿色、蓝色等发光光谱，按照不同植物的需要将他们组合利用，不仅节省能耗，而且还可以提高植物对光能的吸收利用效率。

⑤冷光源。由于LED灯发出单色光，没有红外或远红外的光谱成分，是一种冷光源。可以接近植物表面照射而不会出现叶面的灼伤现象，并且它的体积小，可以自由地设计光源板的形状，极大地提高了光源的利用率和土地利用率，有利于形成多段式紧凑型的栽培模式，适用于密闭型漂浮育苗植物工厂的集约型生产模式。

目前限制LED在漂浮育苗植物工厂中广泛应用的主要因素是其较高的价格。虽然红色LED价格相对较低，但蓝色和白色LED价格偏高。随着LED的普及和节能光源的进一步研发推广，LED光源的价格也在迅速降低，预计不久的将来LED会成为漂浮育苗植物工厂最主要的人工光源。图3-4为植物工厂使用的LED灯。

图3-4　植物工厂使用的LED灯

3.2　气体

空气中至少有三种气体对烟苗生长有重要作用，如二氧化碳、氧气、二氧化氮，合理地控制浓度对烟苗的生长格外重要，尤其是采用纯粹的营养液栽培模式。

3.2.1　二氧化碳

作为光合作用的原料，二氧化碳对植物生物产量的形成贡献颇大。在漂浮育苗植物工厂，二氧化碳的管理有传统的光照期增补二氧化碳方式和小剂量二氧化碳昼夜循环增补方式。前一种二氧化碳增补方式为完全按照光合作用原理进行的，实际生产中效果较好，但不能日日增施，否则叶片老化加速，生长反而受阻。小剂量二氧化碳昼夜循环增补方式是近一两年发展起来的，它的特点是生物产量增幅大，植物根系活力高，是仅光照期增施二氧化碳所得生物产量的数倍。标准的工作程序为每隔 2h 增补 15min 的二氧化碳，循环往复，与光照有无无关，增施浓度的最高幅度为 2 000mg/kg。这种增施二氧化碳气肥的优势在于有光时有足够的二氧化碳供应，无光时高浓度二氧化碳抑制了呼吸作用，同时保持了无光环境中的温度，进而提高了暗反应中甲醛（CH_2O）的产量。

在漂浮育苗设施内，有条件的应设置小剂量二氧化碳昼夜循环增补系统。这种系统可为二氧化碳储气瓶、碳酸氢铵与硫酸滴定反应系统、烟气电净化二氧化碳气肥增施机、农业废弃物制肥机。大规模漂浮育苗设施优先选用农业废弃物制肥机作为二氧化碳增施系统，其优点是这种机型既可以用于温室加温，又可以为温室提供肥料以及气肥二氧化碳。

值得注意的是，适当增加营养液中的碳酸氢根离子浓度同样可以起到增强光合作用的目的，这就是施加草木灰能够增强光合作用的原因所在。

3.2.2　空气氮肥

如有兴趣，可以做一个简单的实验：用一个封闭的玻璃瓶，里面充满空气并插上电极。通电时，电极间就有耀眼的火花闪耀。火花之中，慢慢地有黄色的氮气燃烧的火焰出现。过一会儿，原来无色的空气会变成红棕色，把瓶子打开，迎面就有一股令人窒息的气味，这就是二氧化氮。如果往瓶子里倒些水，摇晃几下，红棕色的气体马上消失，二氧化氮溶解于水变成硝酸。闪电能使空气里的氮气转化为一氧化氮，一次闪电能生成 80～1 500kg 的一氧化氮，一氧化氮再与原子氧反应生成二氧化氮，并在水汽的参与下形成氮肥雨而入泥土成为硝态氮肥。每年全球打雷闪电有 800 万次以上，雷电把大气中的水、氧、氮生成了 4 亿 t 以上的氮肥。有人计算过每年每平方公里的土地上有 100～1 000g 闪电形成的化肥进入土壤，而增氮 1kg 相当于 5kg 硫酸铵。

漂浮育苗温室内只要设置空间电场，也就是直流电晕电场就可实现空气中氮气的硝酸化转化，建立空间电场的设备有 3DFC 系列温室电除雾防病促生机。图 3－5 为空间电场空气氮肥化的机理图解。

3.2.3　氧气

氧气浓度控制在设施农业中涉及很少，只在某类营养液栽培中有刻意的要求。氧气的作用是既可促进烟苗的有氧呼吸强度又可提高无氧呼吸强度，而营养液栽培需要的是有氧呼吸，因而控制营养液中氧气浓度对烟苗的生长影响重大。氧气在大气中的含量为 21%，刻意地提高氧气浓度需要非常好的封闭设施，而且制造氧气的成本远高于二氧化碳，况且高氧气含量对作物的生长起着

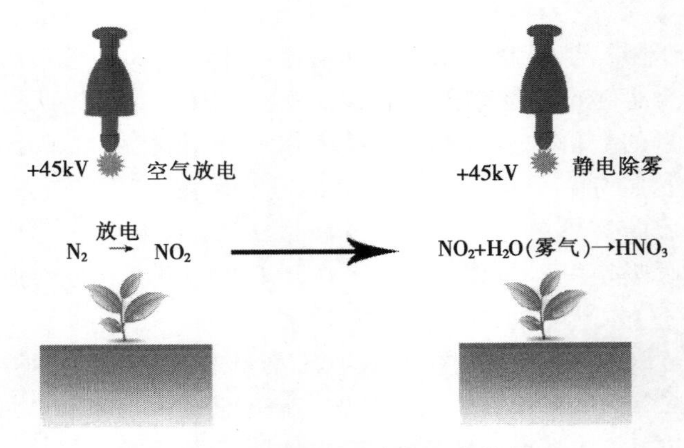

图 3-5　空间电场空气氮肥化的机理

抑制作用，故在漂浮育苗工场内，氧气含量的控制仅包括营养液的氧气浓度控制。

对于烟苗成苗期间，根际氧气浓度影响烟苗的生长以及根茎病害的发生程度。氧气不足影响根系的种种生理机能，如呼吸紊乱。呼吸所产生的能量消耗在根的生长和维持根细胞膜机能的种种生理过程、养分和水分吸收方面。当溶氧量大约在 1.5×10^{-6}以下时，根的呼吸速度急剧减缓。通常的营养液栽培要求的溶氧量应该为（3～10）$\times10^{-6}$，建议在 7×10^{-6}为宜。

根际氧气含量对烟苗吸收矿物质营养影响巨大。当溶氧量不足时对烟苗吸收 Fe、Mn 影响最大，其次为 P、K、Ca、Mg。根际含氧量低还会造成铵态氮（NH_4-N）吸收受阻。

根茎病害的发生难易程度也与根际含氧量有关。另外，根际缺氧会导致乙烯生成量增加，并由叶片挥发，因乙烯的溶解度为氧气的数倍，其在营养液内积聚而使根系受害，进而引起根茎病害发生。同样，长满烟苗的浮盘表面的乙烯含量增加会导致茎部糖分的析出而招致病菌侵袭。细胞激动素在根中的合成受多种因素影响，缺氧即是其中之一。根际氧气不足时木质部溢流液中细胞激动素浓度逐渐减少，随之引起叶片的偏上性运动，发生不定根，茎的伸长减缓。根际缺氧如果再伴有弱光，根系就会变弱或枯死，同时伴有细胞激动素浓度显著增高，而且溶液中甲酸、丙酸等有机酸也会增加到阻滞根系生长的危险浓度。

改善根际溶氧量的有效方法是液中曝气，可采用气泵和微孔管来为漂浮育苗营养液增加氧气含量。营养液增氧可显著促进根系的生长，并提高烟苗全株的鲜重，见图 3-6。

图 3－6　营养液增氧获得的壮苗（与对照相比）

3.3　营养液

自漂浮育苗技术推广以来，烟草漂浮育苗已经有了专用的肥料，并能很好地满足烟苗生长发育对氮、磷、钾及其他营养成分的需要，而且育出的烟苗根系、烟株鲜重、苗高和茎粗等指标最优。营养液氮素浓度一般控制在 50～100mg/kg、磷素 35～50mg/kg、钾素不低于 50～150mg/kg，随着烟苗生长，不同阶段对养分的吸收量也不同。

营养液的氮素来源于硝酸盐、铵态氮、尿素，烟苗能直接吸收硝态氮和铵态氮，尿素只有转化为氨时才被吸收。营养液中的氮肥仅为硝酸盐时会使烟苗柔嫩多汁，易感染病害和蚜虫，最好的选择是硝态氮和铵态氮搭配使用。

营养液中磷的含量需要严格控制，建议 P_2O_5 在 30～35mg/kg，在此范围内幼苗生长较慢，剪苗次数少，茎秆粗壮一些，而超过此范围导致移栽苗又细又弱。

漂浮育苗中钾素用量与氮素用量比例是一样的，即氮/钾为 1∶1。钾能明显改善烟苗的植物学性状，增加叶绿素含量和提高根系活力。

在生产中还应时刻观察烟苗是否发生了微量元素缺乏或中毒症，如常见的缺铁、缺硼引起的生理障碍。缺铁症发生的原因或是营养液 pH 过高且遇到了低温，预防缺铁症的措施包括保持营养液的 pH 在 6.8 以下或按表 3－2 含量要求补充螯合铁。缺硼时烟苗颜色变成不正常的深绿色，而新叶的叶尖变成褐色坏死并且幼芽发生扭曲和死亡。如发生该症状可对烟苗喷施 0.5%～1%的硼砂溶液，烟苗对硼的缺乏临界值为 0.5mg/kg，只要达到临界值水平的供应量，缺硼症状可以得到明显改善。对于硫酸铜的使用应在含量上严格控制，硫酸铜过量极易影响烟苗根系生长，导致烟苗死亡。

不过也为漂浮育苗的研究者们留下了很多创新空间，他们可以根据烟苗生长的特点和环境控制新技术的出现，自己选择无机盐和其他养分配制营养液。配制的营养液首先得满足烟草生长的必要元素（包括微量元素），通常按照表3－2常用营养液的矿物质养分含量进行配制。

表3－2　常用营养液的矿物质养分含量（mg/kg）

元素	N	P_2O_5	K_2O	Mg	S	Fe	Mn	B	Cu	Zn	Mo
含量	20	10	20	0.05	0.05	0.05	0.05	0.02	0.02	0.02	0.005

注：为了促使烟苗生长良好，其中氮素养分中硝态氮占60%，铵态氮占40%。

从可持续发展角度考虑漂浮育苗的肥料配方和供应方式，利用农作物废弃物就含有植物全营养素的原理，通过特殊的物理方法快速将废弃物转化为“三态肥”：灰分、烟气液体肥、二氧化碳气肥。其中，灰分含有表3－2中的K、Fe、Mn、B、Cu、Zn、Mo以及大量的Ca元素营养；烟气液体肥含有N、P_2O_5、S和一些活性物质，如从C_{12}到C_{34}低分子质量的脂肪烃、以稠环芳烃居多的芳香烃、萜类化合物、羰基化合物、酚类化合物、氮杂环化合物、*N*－亚硝胺等，它是植物废弃物燃烧生成的5 000多种气体化学成分的电吸附液；二氧化碳气肥的纯度高于90%，可安全用作气肥。

3.4　大气电场与空间电场

地球与电离层之间的大气电场强度时时都在每米几百伏到几十万伏之间变动。变化的大气电场同阳光一样也是植物生长不可缺少的环境因子，对植物生长发育、形态结构、生理生化、色素含量、基因表达、生物量和产量等多方面均有影响。它对植物生长发育以及病虫害的发生发展的调控作用也满足电动力学的许多规律。实践证明，人工模拟大气电场的变化也能够对植物的生长和病害预防产生可视可查可检的正向作用。

3.4.1　大气电场

地面带着负电，大气中含有净的正电荷，所以大气中时刻存在电场。大气电场的方向指向地面，强度随时间、地点、天气状况和离地面的高度而变。按天气状况可分为晴天电场和扰动天气电场。

（1）晴天电场

它是作为参考的正常状态的大气电场。在晴天电场中，水平方向的电场可略去不计。大气电学中规定这种铅直朝下的电场为正电场，其梯度称为大气电势梯度。晴天电场随纬度而增大，称为纬度效应。就全球平均而言，电场强度在陆地上为120V/m，在海洋上为130V/m。在工业区，由于空气中存在高浓度的气溶胶，电场强度会增至每米数百伏。晴天电场具有日和年两种周期性的变化。在海洋和两极地区，电场日变化和地方时无关，在世界时（格林威治平太阳时）19 时左右出现极大值，4 时左右出现极小值，呈现一峰一谷的简单波状，振幅约达平均值的 20%。但对大多数陆地检测站而言，电场日变化和地方时有密切关系，通常存在两个起伏，地方时 4～6 时和 12～16 时出现极小值，7～10 时和 19～21 时出现极大值，振幅约达平均值的 50%，这种变化与近地面层气溶胶粒子的日变化密切相关。电场的年变化，在海洋上不明显；而在南、北半球陆地测得：冬季出现极大值，夏季出现极小值。有人发现大气电场还有 27d 和 11 年周期的变化，这方面还有待进一步研究。大气电场的形成原理见图 3－7。

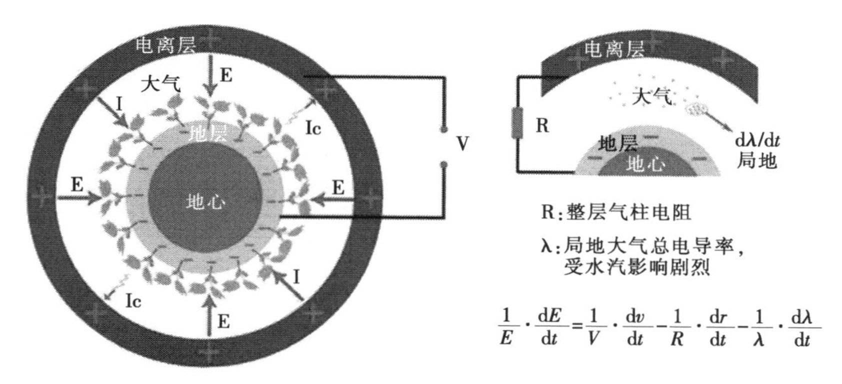

图 3－7　大气电场的形成

（2）大气迅变电场

大气迅变电场同气象要素的变化有关。当存在激烈的天气现象（如雷暴、雪暴、尘暴）时，大气电场的数值和方向均有明显的不规则变化，高云对电场的影响不大，低云则有明显的影响，雷雨云下面的大气电场，甚至可达 -10^4 V/m。在层状云和积状云中，电场的大小和方向变化很大，通常出现的场强约为每米数百伏，雷雨云中还要大 2～3 个量级。

3.4.2　空间电场的概念

人工模拟的大气电场“植物生长与病害电场调控系统”是由一个可控制的直流高压电源、一个穿线绝缘子、若干个悬挂绝缘子和电极线组成的。若干个绝缘子按照均布的原则悬挂在温室拱梁、侧柱或大田的电杆上，电极线则由这些绝缘子悬吊起来。这样电极线组成的网或线路就与地面组成了一个类似于“线—板”的种植电容器。当直流高压电源通过穿线绝缘子向这个种植电容器送入高电压时，则一个具有生物效应的正向空间电场（或称正向静电场）就建立起来了。这个正向空间电场的场强方向由天空指向地面，且能够产生一个可以促进植物生长和预防植物病害的空间电场的自动系统。

3.4.3 空间电场生物效应

在植物生长环境中建立的正向空间电场具有多种生物效应，如产量倍增效应、病害消失效应、生理活动的钙电调效应等效应。图 3-8 为空间电场生物效应的理化解析。

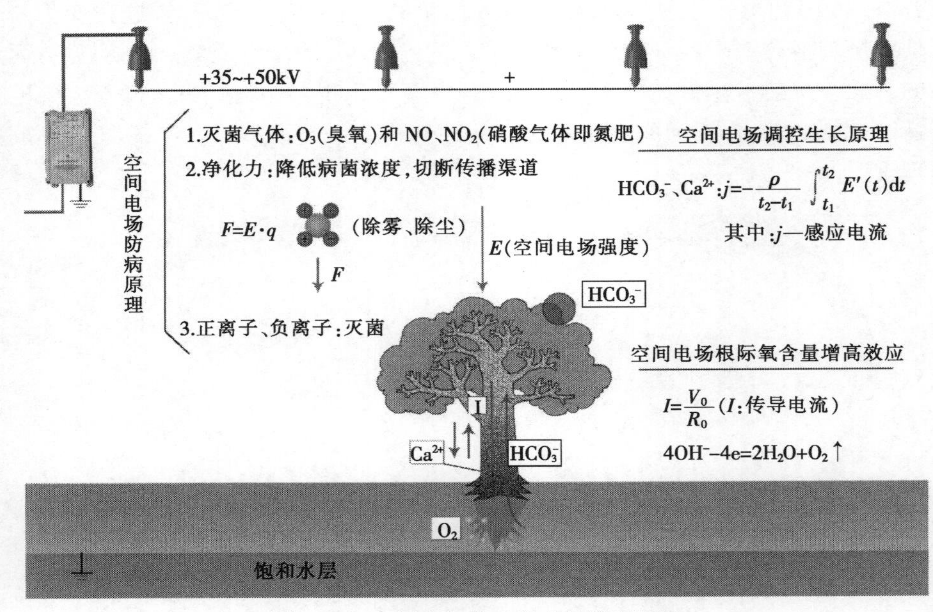

图 3-8 空间电场防病促生长机理图解

(1) 空间电场产量倍增效应

正向空间电场的变化可调控植株与环境中碳酸氢根离子的输送，进而调控植物的光合作用强度。在空间电场环境中补充二氧化碳，植物可获得快速生长，对于根菜类可获得比平时高 1 倍的生长速度，而果菜类和叶菜类也可获得比常规环境高得多的生长速度。

(2) 根系活力增加效应

正向空间电场可引起根系与土壤界面的水分微电解生氧反应，进而提高根际环境的氧含量，并导致根系活力提高，最终促使植物全生育期延长，如根部新根的生成。这一效应可以提高漂浮育苗秧苗根际的氧气含量，进而克服缺氧带来的生理危害。

(3) 生理活动的钙电调效应

空间电场强度的任何变化都会引起植株与栽培基质、植物地上与地下部分钙离子浓度的“跟随性”变化，进而引起植物一系列的生理变化。

（4）氮气氮肥化效应

建立空间电场的高电压对空气产生强烈的电离作用，会使空气中的氮气转化为二氧化氮，并与空气中的水汽结合形成硝酸，并在空间电场的作用下吸附于植物叶片表面充当叶面肥或进入营养液中成为速效的硝酸盐。在空间电场环境中，因氮肥的增加，为了提高植物的生长速度，需要合理地调整碳氮比（C/N）。提高环境中二氧化碳与环境中总氮的比例，有助于控制徒长，促成壮苗。烟苗体内碳氮比高时，根系生长快、茎叶生长慢；而碳氮比低时，根系生长慢，茎叶生长快。因此，在空间电场环境中需要同步提高二氧化碳的浓度，保持烟苗体内的碳氮比（C/N）维持在（15～20）：1为宜。

（5）延迟成熟效应

在空间电场作用下，因电晕电场电离空气的作用，环境中的乙烯等催熟因子的浓度会显著降低，进而导致果实成熟、叶片衰老进程的延迟，见图3－9。这一效应可以促进烟叶面积增大。

（6）空间电场植物病害消失效应

在正向空间电场环境中，由于空间电场的空气净化、电离空气等作用，植物的气传病害会显著减少。在空间电场作用下，因根系的氧含量变化以及原子氯的出现会改变根际土壤微生物的种群优势，进而预防某些土传病害的发生。

（7）裂果病的消失效应

在空间电场作用下，樱桃、葡萄、番茄等果蔬释放的自源乙烯会因放电作用而消解一部分，其结果就是延缓果皮衰老，进而预防果实的开裂，其机理见图3－9。这一效应可用来抑制漂浮育苗营养液缺氧引起的乙烯增量带来的烟苗生理、病理危害。

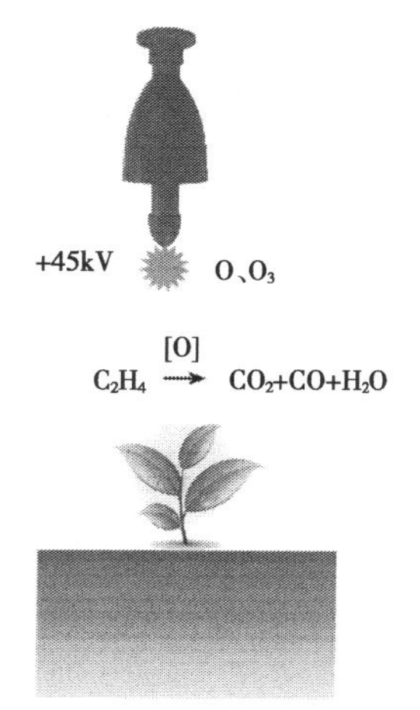

图3－9　空间电场消解乙烯原理

(8）叶片水珠与苗盘干燥效应

在间歇出现空间电场的环境中，植物叶片、苗盘上的水珠、水膜张力会周期性变化，并在同质电荷的作用下很快蒸发掉，进而保持叶片、苗盘干净干燥。这一效应可以用在漂浮育苗藻类生长的抑制。图 3－10 为空间电场处理组的干燥抑藻效果。

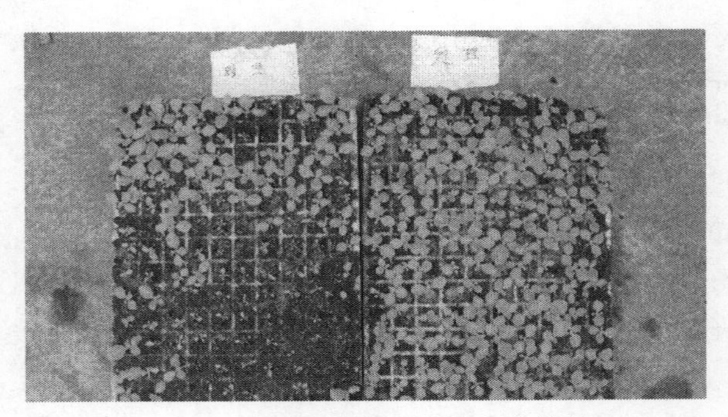

图 3－10　空间电场的干燥抑藻效果

第四章　物理植保与增产装备

4.1　空间电场系列装备

空间电场装备的商品名为 3DFC－450 型温室电除雾防病促生系统，又称空间电场防病促生机，为农用高电压小电流的电工类产品。主要用于植物的生长速度的调控以及植物病害的预防，是生产无毒、有机植物产品的物理植保设备，也是漂浮育苗设施的物理植保的核心技术装备，图 4－1 为空间电场与灭虫灯和防虫网集成的技术系统。

图 4－1　空间电场与灭虫灯和防虫网集成的技术系统

4.1.1　基本原理

自然界存在的大气电场，也就是带负电荷的地球与带正电荷的电离层之间形成的空间电场，是继植物生长光、热、水、肥四要素之后又被发现的一个新要素。

空间电场设备可用于病害预防：①气传病害的预防。间歇出现在植物生长环境中，空间电场对气传病害以及湿度引起的病害具有显著的预防效果。②土传与水传病害的预防。正向空间电场环境中的泄漏电流是通过植株地上部分经根系流入土壤中的，并引起根系外土壤水发生微弱的电化学反应，其形成的氧化剂对土传病害具有良好的预防效果，尤其是对猝倒病、茎腐病和枯萎病的预防效果显著。③叶片老化症的预防。空间电场因其电离空气产生的氧化剂能够有效分解植物自身释放的乙烯，延缓叶片老化。④缺素症的预防。空间电场对缺钙引起的叶缘干边、蔬菜心腐病、裂果和烂果的预防作用显著。

空间电场设备还可用于生长调控：①光合作用调控。空间电场与二氧化碳的增补同时作用于植物生长环境，可加速植物的生长速度。②根系活力的促控。空间电场保持植物根际环境的高氧含量对植物的全生育期有着巨大影响。③空气氮肥的制造。建立空间电场的高电压电离空气，将空气中的氮气转化为二氧化氮，进而与水生成硝态氮。

4.1.2 技术性能

这是一类能够调节植物生长环境，显著促进植物生长，并能十分有效地预防气传病害发生的空间电场环境调控系统。

(1) 设备组成

3DFC-450 型温室电除雾防病促生机。型号字母与数字说明如下：3D 为植保机具，F 为防病，C 为促进生长。图 4-2 为 3DFC-450 型温室电除雾防病促生机。

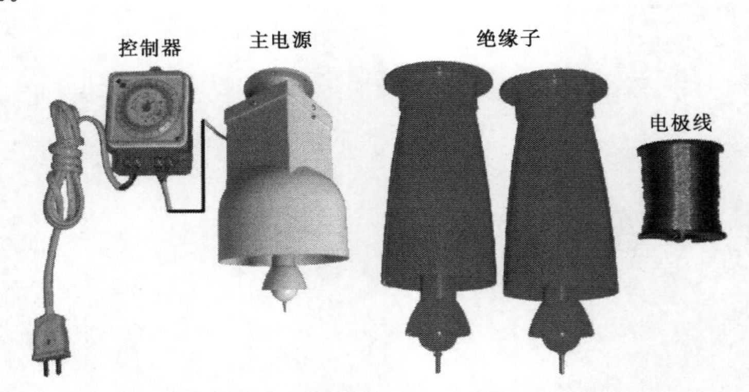

图 4-2 3DFC-450 型温室电除雾防病促生机

(2) 性能指标（表 4-1）

表 4-1 3DFC-450 型温室电除雾防病促生机技术参数

参 数	数 值
型号	450 型
输入电压 AC（V）	220±15
输出电压/电流（kV/mA）	+30～45/0.4
最大输出功率（W）	18
最大控制面积（m^2）	450
最佳控制面积（m^2）	150～350
控制模式	停 15～30min，工作 15～30min

（续）

参数	数值
参考：生长速度提升率（%）	>15
参考：空气氮肥转化率（%）	>20
参考：臭氧产率（mg/h）	≥0.25
参考：气传病害防效（%）	>75

备注：参考指标随温室种植植物和布设方式而变。

4.1.3 安装

（1）按照棚室、露地面积选型

①面积小于 450m² 时，优先选用 1 套 3DFC－450 型温室电除雾防病促生机。②面积接近 450～800m² 的棚室、露地优先采用 2 套 3DFC－450 型温室电除雾防病促生机。如想获取更好的防病增产效果可增加设备的使用数量，比如选 3 套 3DFC－450 型温室电除雾防病促生机。③面积大于 800m² 的棚室、露地可参照前述①②进行优化组配。

（2）主电源与绝缘子的安装

3DFC－450 型设备的主机、绝缘子一起按温室长度方向均匀布设在棚顶钢梁上或通过附件固定在露地中的立柱上，图 4－3 为全套设备安装现场。

图 4－3 主机与绝缘子、电极线的安装

（3）地线的装设

主机固定好以后，应使用不锈钢丝绳将接地端与温室钢梁实现良好的电连接，或与埋入土壤 0.5m 的接地不锈钢管相接。主机侧面的地线螺丝与温室钢梁之间通过不锈钢丝绳相连接，而温室钢梁是良好的接地物，现场的安装见图4－4。

（4）电极线的连接

使用数个安装于设施内的绝缘子就可将电极线悬吊起来，悬吊的电极线便可与地形成空间电场。电极线既可形成网格状，也可为一根线，这根电极线必须与主机的输出螺丝头相接，漂浮育苗设施内的电极线是悬挂在红色绝缘子下端的螺丝上，见图4－5。

图4－4　地线的连接与绝缘子的安装

图4－5　绝缘子的安装与电极线的吊挂

连接完毕后应检查电极线是否与其他结构物有短接（短路）之处，如与植物枝叶、木杆、吊挂铁丝、吊挂绳索（含塑料绳）等短接，如有，必须清除短路现象。

4.1.4　使用方法

3DFC－450型温室电除雾防病促生机均采用间歇工作模式。间歇工作方式是模拟晴天大气电场“双峰双谷”的大自然规律而来，“一歇一动”促使植物生长。

4.1.5　安全注意事项

严防触摸：该产品属于高电压小电流的电工/电子类产品，因此严禁触摸电极线。

严禁杆触：严禁使用一般绝缘物件（木杆、污浊熟料棒等）触碰电极线。

必须执行的安全规范：电极线架设高度必须大于2.0m。

4.1.6　育苗模式的选用

空间电场的促生长作用有时候会因育苗设施、田间栽培多种植物形成的

“种植结构”影响。最好的育苗模式就是同期播种同种植物。图 4－6 中①、②为实际生产中和理论上的“凹”槽栽培结构，因对空间电场起着静电屏蔽作用而导致作物生长不良，故不建议采用此育苗模式。图 4－6 中③、④、⑤是“直角种植结构”，这种结构也会因电屏蔽问题而导致植物生长不良，也不建议采用。图 4－6 中⑥为推荐的种植模式，也就是目前烟草领域采用的漂浮育苗模式，见图 4－7。图 4－6 中⑦是空间电场环境中推荐的又一种栽培模式，其中栽培槽必须有导电性且不得有金属离子溶解到营养液里，由此槽体材料选择水泥、陶土、防腐木等最适宜。

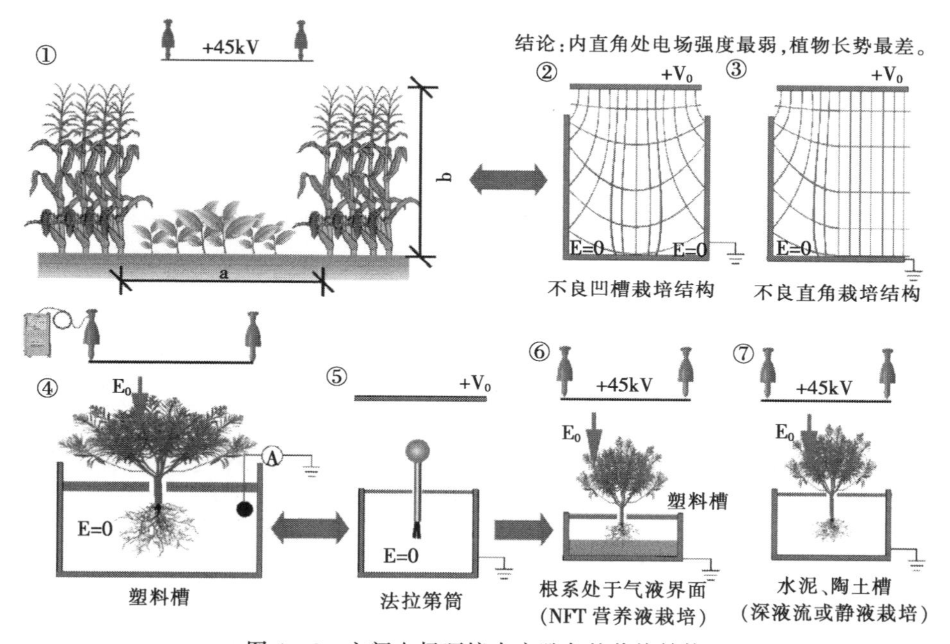

图 4－6　空间电场环境中应避免的栽培结构

图 4－7　空间电场在漂浮育苗温室中的应用

4.2 灭虫灯

在漂浮育苗温室内的蚜虫、白粉虱、斑潜蝇、双翅目害虫、鞘翅目害虫、鳞翅目害虫等一直是传播病害影响植物生长的主要因素。利用这类飞翔害虫具有趋光性、趋色性的特点，采用光、色双诱并辅以高压电网即可有效控制种植区域的虫口数。设施内常用的灭虫灯为3DJ－200型多功能静电灭虫灯。

4.2.1 用途

该产品能有效地杀灭多种趋光、趋黄色、蓝色害虫如蚜虫、白粉虱、斑潜蝇、蓟马、双翅目害虫、鞘翅目害虫、鳞翅目害虫等，可用于露地、温室植物生产过程中害虫的灭杀。

4.2.2 工作原理

3DJ－200型多功能静电灭虫灯有两片环形不锈钢网片，通电时，灭虫筒周围的电极就会产生介电吸附力，设备所带的高压对两网之间的害虫具有强力的吸附电击能力，宽谱诱虫灯光和蓝色、黄色筒体能将临近的飞虫引诱到电极上，电极所带的高压电能将其迅速杀死。黄色引诱趋黄色的蚜虫、白粉虱、斑潜蝇等接近灭虫筒体，蓝色引诱蓟马接近灭虫筒体，宽谱诱虫灯光也能有效地吸引双翅目、鞘翅目、鳞翅目等害虫。在温室、菇房内则利用光控器控制灯白天熄灭，夜晚开启。

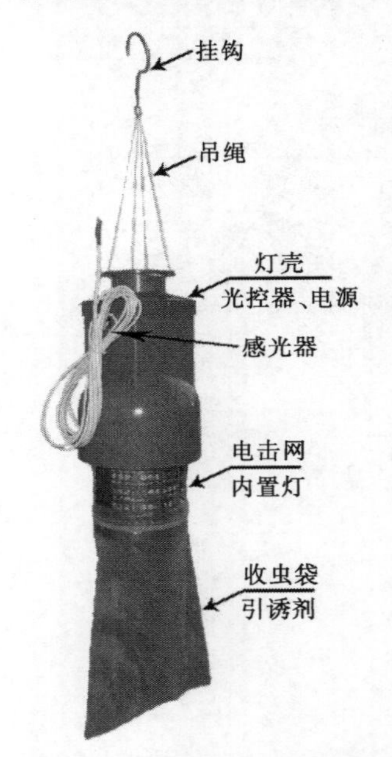

图4－8　3DJ－200型多功能静电灭虫灯

4.2.3 型号

3DJ－200型多功能静电灭虫灯，其中，3D为植保类机具；J为静电吸附；“200”为有效吸附（灭虫）面积，单位为m^2；灯管为诱虫灯管。3DJ－200型多功能静电灭虫灯由壳体、吊绳、环状不锈钢内外网、宽谱诱虫灯、光控雨控器、高压电源等组成，见图4－8。灭杀后的害虫或伤残害虫直接落到塑料袋内或地下化为肥料或蚁料。

4.2.4 性能参数

3DJ－200型多功能静电灭虫灯性能参数见表4－2。

表 4-2　3DJ-200 型多功能静电灭虫灯性能参数

参数	数值	参数	数值
外形尺寸	直径 170mm，高度 360mm	功率	10～15W
电源电压	AC 220V±30V	电极电压	3 500～3 600V
灭虫放电电流	0.65～0.75mA	有效诱虫半径	≤25m
诱集害虫撞击面积	Φ130mm×130mm	外壳色泽	黄色或蓝色
诱集光源	波长 320～680nm	诱虫灯管寿命	24 000h
工作环境	-20～40℃，相对湿度（RH）45%～95%	控制模式	光控智能自动开关灯
控制面积	温室 0.4 亩①、大田 6 亩	布置高度	植物上方 0.5～1m

4.2.5　安装与使用方法

设施内的安装要求：首先漂浮育苗设施必须有防虫网做通风口的全面围护，并且过渡间门可关闭。

烟田的安装要求：当烟田面积不大于 6 万 m^2（小于 100 亩）时，大部分灭虫灯应尽量布置在烟田外围，这样可把害虫引到烟田外围诱杀，中央仅需布置几盏就可以。

3DJ-200 型多功能静电灭虫灯尽可能选人体触碰不到的位置悬挂灯体，或周边设置防护。布挂方式采用吊挂于植物上方 0.5m 处为宜。该灯在漂浮育苗温室内的布置见图 4-9。温室为防虫网围护，灯挂在温室内四周，中央分布少量的灯。

图 4-9　3DJ-200 型多功能静电灭虫灯的布局

① 亩为非法定计量单位，1 公顷=15 亩。

4.3 多用途苗盘消毒机

3DH－280/36 型多用途苗盘消毒机（旧称 3DH－280/36 型水体电消毒灭虫机），它主要用于蔬菜、花卉、林木育苗盘的灭菌消毒，还可以用于忌氯作物灌溉水的除氯处理，还可以灭杀农业装置表面附着的微小害虫。

4.3.1 使用环境

- 海拔高度：≤5 000m
- 环境温度：－20～40℃
- 空气湿度：≤90％
- 电源电压：AC 220V/380V±15％，50～60Hz
- 无易燃、易爆、腐蚀性物品及导电尘埃
- 无严重颠簸和震动的场所

4.3.2 原理

3DH－280/36 型多用途苗盘消毒机主机使用 AC 220V 或 380V，50Hz 交流电源，经逆变整流输出 280V/36V。消毒槽采用塑料槽，内置石墨电极和含盐自来水。将主机输出电极夹接于消毒槽外设电极，启动主机后，槽内水体便产生电化学反应，进而生成具有强烈氧化能力的消毒剂。将育苗盘等农业使用的用具投入液体中，瞬间即可实现用具的灭菌消毒。图 4－10 为 3DH－280/36 型多用途苗盘消毒机。

图 4－10　3DH－280/36 型多用途苗盘消毒机

4.3.3 技术参数

3DH－280/36 型多用途苗盘消毒机性能参数见表 4－3。

表 4-3 3DH-280/36 型多用途苗盘消毒机性能参数

参数	数值	参数	数值
电源外形尺寸	45cm×23cm×35cm	额定容量	7.5kVA
电源电压	AC 220V/380V±15%	输出电压	36V（或 280V）
电流调节范围	0～250A	电源重量	18kg
消毒槽容积	1 000mm×500mm×500mm	消毒槽电极极间距	100～260mm
消毒槽电极材料	石墨	消毒槽电极寿命	80 000h
苗盘用氧化盐	氯化钾 0.5kg/次	处理盘数	5 000 盘/次

4.3.4 安装与使用方法

①必须采用交流电压 220V 或 380V 的供电电源。连接电源时，应根据主机标签的说明选用正确的电源并注意连接的准确。

②双电源的主机后面的接线盒上有明确的印字说明。但用 220V 电源时，只需连接接线盒“左”“右”两根线即可。当使用 380V 电源时，则接线盒“左”“中”“右”三相均得接线。

③根据主机容量配置了 $16mm^2$ 铜线缆各 3m，此连接线缆带快速接头和电极夹。

④主机面板上有一个电流显示表，显示电解电流的大小。还有两个旋钮，一个旋钮调节电流，另一旋钮调节输出功率。

⑤将快速接头插入旋入主机输出接口，并将电极夹夹持消毒槽槽外电极片。

⑥倒入氯化钾 0.5kg 和清水 600kg。

⑦启动电源，工作 15min 后即可带电进行浮盘消毒。

4.3.5 安全保障

本机采用的是槽内工作电压 36V 的安全电压。

4.4 剪叶刀物理消毒装置

剪叶是培育壮苗不可少的一项措施，而剪叶过程也可能成为病害传播的主要途径，特别是烟草普通花叶病。据研究，剪叶实际上是病毒病传播的主要途径，而且剪叶传播花叶病的规律性不强，这也为病毒病的预防带来了较大困难。因此，认真把好每一步的消毒关是减少和避免病害传播的关键。图 4-11 为 3DDC-3 型剪叶刀专用等离子体灭菌消毒机。

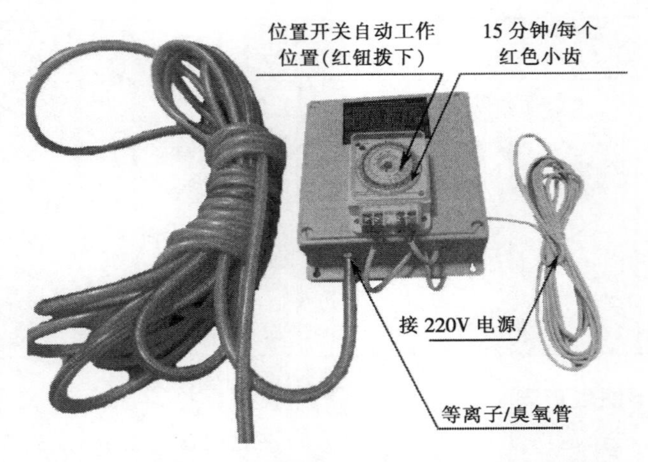

图 4－11　3DDC－3 型剪叶刀专用等离子体灭菌消毒机

4.4.1　作业原理

在剪叶机利用旋刀对烟苗进行剪叶作业时，由原子氧（低温等离子体）喷器将具有强烈灭菌消毒的氧化性气体喷入切刀护壳内，并在护壳与苗盘形成的相对封闭环境中持续形成足可以杀灭和钝化任何细菌、真菌以及病毒的浓度，于是切叶后的烟苗割口、切刀就会时时处于无毒无菌状态，以往通过切刀传播的病害就会得到显著控制。图 4－12 为携有等离子消毒装置的剪叶机。

图 4－12　携有等离子消毒装置的剪叶机

4.4.2 主要技术指标

剪叶刀物理消毒装置主要技术指标见表 4－4。

表 4－4 剪叶刀物理消毒装置

参数	数值	参数	数值
剪叶器名称	电动自走式烟苗剪叶机	剪叶器动力型号	YJY－D
电源电压	AC 220V	最大功率	0.79kW
外观尺寸	3 000mm×770mm×900mm	剪切调节高度	0～200mm
操作人员	1～2 人	工作效率	2 000 盘/h
跨距	3.25m	刀片型号	18 寸①甩刀（ϕ230mm 的刀片）
残叶收集方式	全封闭残叶收集箱	原子氧喷器功率	28W
原子氧产率	3g/h	结合形式	软气管连接

4.4.3 使用方法

根据烟苗大小，调整剪叶刀片的高度。

4.5 物理植保液

物理植保技术是一类采用物理防治植物病虫害方法的技术总称。它包括土壤电灭虫技术、土壤电消毒技术、空气传播病害空间电场防治技术、飞行类昆虫的静电灭虫灯、植物地上部分病害与爬虫类物理防治技术、土壤表面与植物间生活的病害与昆虫物理防治技术六大类。其中，物理植保液归类于植物地上部分病害与爬虫类物理防治技术。本液对环境友好，无任何污染环境的成分，而且无任何农药成分，无色无味，对人体皮肤无任何危害。本液不是农药，是采用纯物理变化进行杀虫灭菌，环境消解迅速不留残余。

4.5.1 基本概念

一种采用强烈液中放电形成的无任何重金属、无任何农药成分、无磷的半有机半无机的能使细胞膜解构的张力碎片化液体。将该粉体溶入水便可形成物理植保液，喷于植物体表约 1min 失效，24h 内主体成分分解完。如用于土壤消毒，该液体主体成分在灌溉 1min 内即与土壤成分发生强烈的物理解构，并致土壤微生物体内水分闪蒸而失去活性，1d 内该成分消解为简单的盐、二氧化碳和水。粉体主色调为白色粉状，液体无色无味。

物理植保液是将该粉体用水稀释 100～1 200 倍形成的液体，可采用喷雾器

① 寸为非法定计量单位，1cm＝0.3 寸。

喷洒和随水灌溉。图 4 - 13 为物理植保粉，可按照各种比例配置灭菌杀虫液。

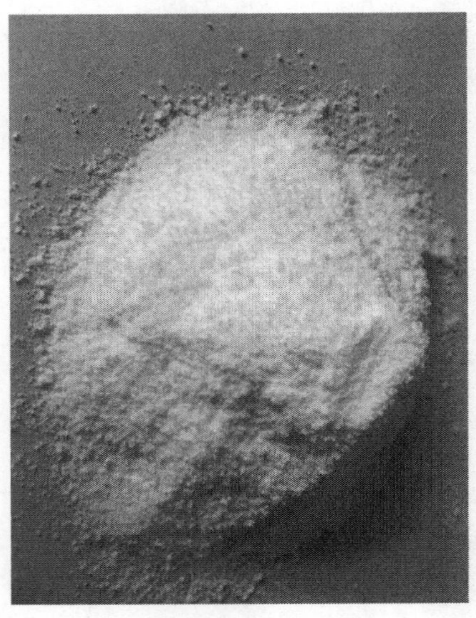

图 4 - 13　物理植保粉

4.5.2　灭菌

包括植株灭菌和土壤消毒。用于植物病害防治的物理植保液灭菌浓度为 500～800 倍液。土壤消毒主要针对连作障碍、枯萎病土等及樱桃等果树的根癌杆菌病的土壤处理。用于土壤消毒可以采用 100～500 倍浓缩液，优先选择 200 倍液。

4.5.3　灭虫

物理植保液用于灭虫效率极高，尤其是 800 倍液对蚜虫、红蜘蛛几乎是瞬间完成灭虫过程。物理植保液灭虫原理是瞬间解构昆虫口器和呼吸孔道黏膜，并致细胞内水分瞬间蒸发而致死。物理植保液能杀灭几乎所有的害虫，差别只是浓度大小。灭红蜘蛛、蚜虫、蓟马、白粉虱的浓度最低，800～1 200 倍液，建议不超过 1 000 倍液；灭蚧壳虫类、斑潜蝇中等，约 800 倍液；灭甲壳虫类，尤其是潮虫（鼠妇）则高一些，约 500 倍液。

需要注意的事项是喷洒物理植保液必须使每个害虫接触到液体，最佳灭虫效果是让液体包裹虫体。喷液时应完全保证喷到位，如叶片的正背面、茎秆等。图 4 - 14 为物理植保液灭蚜虫的现场。

4.5.4　安全注意事项

稀释液滴入眼中对眼结膜有刺激作用，严禁对人眼部喷撒。原粉和稀释液对口腔和胃黏膜有强烈的脱水作用，会致使肚疼腹泻，因此严禁儿童接触。

图 4－14 物理植保液防治烟草蚜虫

4.6 防虫网

防虫网是一种物理阻隔虫害的材料，采用尼龙纤维或优质聚乙烯为原料，添加了防老化、抗紫外线等化学助剂，经拉丝织造而成，形似窗纱，密度为40～60 目。阻隔的害虫包括菜青虫、菜螟、小菜蛾、蚜虫、跳甲、甜菜夜蛾、美洲斑潜蝇、斜纹夜蛾等。防虫网在春、夏、秋季的植物生产中广为应用，可预防一般性害虫的危害。

防虫网的使用方法是直接覆盖在大棚上，四周密闭全天候覆盖。防虫网周边一定要封严，要经常检查有无破损孔洞，以防害虫潜入。有防虫网做维护的漂浮育苗温室见图 4－15。

图 4－15 漂浮育苗温室设置的防虫网

4.7 隔离间

常规漂浮育苗工场设置隔离间或过渡间，有利于虫害的预防。为了更好地驱避害虫，隔离间应以黑色调为主，比如黑色塑料膜或黑色无纺布建造的围护结构，或覆盖黑色遮阳网（图 4－16）。

图 4－16　漂浮育苗工场大棚配置的黑色隔离间

对于漂浮育苗植物工厂，通常还需要在隔离间设置换衣间、消毒间。

4.8 补光灯

4.8.1 浴霸灯

性能参数见表 4－5。

表 4－5　漂浮育苗温室应急用浴霸灯性能参数

参数	数值	参数	数值
额定功率	275W	额定频率	50～60Hz
电源电压	110～240V	布置密度	1 盏/9～12m^2
布置高度	距植物 0.8～1.2m	适用范围	连续阴冷天应急补光和加温

4.8.2 高压钠灯

性能参数见表 4－6。

表 4-6 漂浮育苗温室用高压钠灯性能参数

参数	数值	参数	数值
额定功率	400W	最大功率	140W
电源电压	AC 220V	工作电流	4.4A
工作电压	100±20V	光通量	55 000lm
光效	135lm/W	色温	200K
工作环境	−20～40℃，相对湿度（RH）45%～95%	寿命	24 000h
工作频率	50～60Hz	灯头形式	E40
布置方式	60～500W/m²	布置高度	≥2m
适用范围	常规漂浮育苗温室连续阴冷天应急补光和加温		

4.8.3 荧光灯

性能参数见表 4-7。

表 4-7 漂浮育苗温室用荧光灯性能参数

参数	数值	参数	数值
型号	T8 植物生长灯管	额定功率	15W
电源电压	110～240V	光通量	350lm
外形尺寸	1 200m×25mm	适用范围	植物工厂多层式立体育苗架

4.8.4 冷阴极管荧光灯

适用范围：植物工厂多层式立体育苗架。性能参数见表 4-8。

表 4-8 植物工厂用冷阴极管荧光灯技术参数

额定电压（V）	功率（W）	长度（mm）	光通量（lm）	光效（lm/W）	灯头型号
110～220	12	600	840	70～80	E27
110～220	18	900	1 260	70～80	E27
110～220	24	1 200	1 650	70～80	E27
110～220	28	1 500	1 960	70～80	E27

4.8.5 LED 补光灯

（1）XG-7 型悬吊式 LED 球泡补光灯（表 4-9）

表 4-9 XG-7 型悬吊式 LED 球泡补光灯性能参数

参数	数值	参数	数值
灯型	球泡	最大功率	7W
输入电压	AC 85～264V	照度	3 660Lx/1m、1 711Lx/1.5m

（续）

参数	数值	参数	数值
照射面积	1.77m²/1m、3.46m²/1.5m	球泡颜色	红光（630nm）或蓝光（460nm）
工作环境	−20～40℃，相对湿度（RH）45%～95%	红蓝配比	红：蓝=3：1；红：蓝：白=3：1：1
LED寿命	50 000h	标配	7W灯每亩60～600盏、可调节挂链
外罩材质	聚碳酸酯（PC）外罩	适合范围	常规漂浮育苗温室

（2）XG－5型可调悬吊式LED植物灯

该灯适用于普通漂浮育苗温室、漂浮育苗植物工厂、漂浮育苗实验室、漂浮育苗箱。其规格参数见表4－10。

表4－10　XG－5型可调悬吊式LED植物灯规格参数

参数	数值	参数	数值
产品尺寸	280mm×267mm×58mm	最大功率	140W
输入电压	AC 100～240V	输出电流	1 050mA
输出电压	DC 40～58V	LED数量	40个
LED寿命	50 000h	LED功率	5W
工作环境	−20～40℃，相对湿度（RH）45%～95%	灯珠颜色	红光（630nm）/蓝光（460nm）
工作频率	50～60Hz	流明	3 332lm
光量子通量密度（PPFD）值	119μmol/1m，50μmol/1.5m	照度	3 660Lx/1m，1 711Lx/1.5m
产品净重	3.21kg	照射面积	1.77m²/1m，3.46m²/1.5m
出厂标配	LED灯×1、电源线×1、可调节挂链×2		

（3）XG－20型LED植物灯管

该灯适用于烟草多层立体漂浮育苗栽培设施、漂浮育苗植物工厂、漂浮育苗实验室等。其规格参数见表4－11。该灯在立体植物工厂中的应用见图4－17。

表4－11　XG－20型LED植物灯管性能参数

参数	数值	参数	数值
灯管长度	1 200mm×28mm	最大功率	20W
输入电压	AC 85～264V	灯珠类型	1W大功率类型
功率因数	≥95	LED数量	20粒
光合光量子	25μmol/（m²·s）	光束角	120°
工作环境	−20～40℃，相对湿度（RH）45%～95%	灯珠颜色	红光（630nm）/蓝光（460nm）

（续）

参数	数值	参数	数值
LED 寿命	50 000h	红蓝配比	红：蓝=3：1； 红：蓝：白=3：1：1； 红：蓝：黄=3：1：1
驱动方式	内置	外罩材质	铝型材＋PC 外罩

图 4－17　植物工厂中的 XG－20 型 LED 植物灯管

4.9　带电育苗

带电育苗技术源于生命赖以生存的地球环境的模拟，比如地球本身带着负电荷，而与我们相距 60～1 000km 的大气层相对地球带着正电荷，因而地面便有一个由天空指向地面的大气电场。在外界的阳光照射和星球自转的基础上，地球充满了生命活力。带电栽培技术通过电隔离装置将带静电的植物与大地隔离开，这样一来植物生长就会展现出诸多神奇的现象。带电的植物最重要

图 4－18　农业生产中的带电栽培设施

的作用就是自我防病防虫，这就能获取没有农药残留的秧苗，吃到安全的蔬菜瓜果；其次，生长得快，产量高效益好；第三，还能用作农业设施内空气净化，消除雾霾。图 4－18 为一生产应用中的带电栽培设施。

4.9.1 技术原理

4.9.1.1 植保原理

带电栽培植物技术就是通过电隔离装置将带静电的植物与大地隔离开，同时带电的植物还会电离空气产生微量的强氧化剂臭氧和二氧化氮，这样一来空气病原微生物和会飞的微小害虫如白粉虱、蓟马就会受到植物所带静电产生的电斥力以及氧化剂的刺激而失活并不得靠近，外来的病虫害也就避而远之，植物全生育期也就不再需要使用任何农药进行病虫害防治了。

4.9.1.2 生理调控原理

带电植物会与大气之间产生电位差形成空间电场，这个空间电场的极性可以对植物的光合作用和呼吸作用产生显著影响。带负电的植物光合作用强度增加，呼吸作用强度会显著降低；带正电植物会减弱光合作用强度并促进呼吸作用强度。

4.9.1.3 电离分解原理

带电植物通过电离空气产生强氧化剂，这些强氧化剂与植物组织分泌的凝胶态物质如树脂、液态物质如黄酮类化合物和阿魏酸等、气态物质如乙烯、豆甾醇等有机物质发生反应，其反应产物多种多样，但以碳氢化合物和二氧化碳、氧气为主。这些反应后的产物不但会对植物生理活动产生影响，如会导致果实膨大晚熟等，还会对环境中其他生物产生影响，如可对动物和人的心肺微循环产生调节作用。

4.9.1.4 空气净化原理

带电植物与周围空间的物体之间会建立起空间电场（静电场），因植物叶片、植株枝条的尖端以及周围环境中尖锐物体的尖端会有很强的、能产生电晕的静电场，其间的粉尘（微生物气溶胶）会荷电并受静电场电场力的驱动做定向脱除空气运动，最终会吸附到大地或与大地相连接的物体上。而环境中的有机有毒气体如甲醛会被电离产生的强氧化剂分解为无害的小分子。

4.9.2 系统配置

带电栽培系统配置包括带电育苗本体、肥料供应及营养液理化参数控制软件、辅助防虫的土壤电灭虫机和物理植保液。

4.9.2.1 带电育苗本体

依照补光与否分为单层平面带电育苗本体和补光型多层立体育苗本体，后者层间设置有补光灯。

单层平面带电育苗本体包括：陶瓷绝缘子支撑起来的育苗床，床内置有育苗基质；接地的吸虫架；带电育苗特种电源；营养液循环系统，见图 4－19。

图 4－19 中的育苗槽由下面的陶瓷绝缘子支撑起来，槽上方有一向远方绵延的吸虫管（兼用营养液喷流）。

图 4－19　单层平面带电育苗本体

普通漂浮育苗设施内补光型多层立体育苗本体包括：陶瓷绝缘子支撑起来的立体育苗床，每层床内置有营养液或陶粒或无纺布或其他形态的育苗基质；每层床上方都有接地的吸虫板，其中吸虫板依据栽培床宽度设计成黄色光栅类型；带电育苗使用的电工安全型的高电压、小电流、双输出的 DZ－20 型带电育苗静电发生器；对于漂浮育苗，营养液循环系统为静液育苗或溢流式栽培两种供液形式，而在陶粒育苗中的营养液循环是采用虹吸方式；补光灯的配置通常为能在阴天时叶面达到 9 000Lx 为宜。如为全天候光照育苗的植物工厂，叶面的照度应达到 20 000Lx。图 4－20 为常规漂浮育苗工场内一个基本的补光型多层立体育苗系统。

图 4－20　多层补光立体带电育苗系统

4.9.2.2 养分控制

肥料供应可选用两种形式：传统的漂浮育苗专用肥、农业废弃物制肥机制取的“三态肥”。如采用植物源肥料可参照 NR-3 型农业废弃物燃烧制肥机操作规范现场制取。营养液理化参数控制及软件可选用固化软件的智能营养液自动配肥施肥机。

4.9.2.3 防虫的物理措施

土壤电灭虫机实际上是一种既可以处理有机栽培基质、颗粒状陶粒、栽培用无纺布、土壤病虫害，又可以处理营养液等水体病虫害的多用途物理植保机具，其机型可选市售的 3DT-8 型土壤电灭虫机；物理植保液是为了防治因停电侵入槽内植物的害虫，如蚜虫、叶螨、红蜘蛛、蓟马等。

4.9.3 带电育苗技术问答

(1) 在带电栽培系统中也会看到白粉菌或者蚜虫，这是怎么回事？

答：出现这种现象有两个方面的问题，一方面是停电时会有空气微生物落入栽培床，而有翅蚜虫飞入产卵变成无翅蚜虫聚集在叶片下面和烟苗顶端，恢复供电后这些蚜虫就会因带电栽培床与植株形成的静电屏蔽现象（电荷仅分布在苗群的外表面，内部电场强度为零）而免受电晕电流以及静电场的灭杀和驱离作用。另一方面是因为秧苗自身以及整床秧苗外观的非均匀性会产生畸形电场分布，即整盘秧苗形成了非匀强电场，于是带电栽培的植物就会产生静电阱，凸起的会排斥昆虫、空气微生物，而枝叶形成的空隙则是一种非匀强电场形成的“引力阱”，会将虫子和空气微生物吸进来，这些微生物和蚜虫就会躲入电场强度为零的苗群内部，这就是带电栽培的异象。

(2) 带电栽培槽烟苗一旦有了虫子该怎么处理？

答：槽体内部的虫子包括基质中害虫和烟苗上部附着的害虫两部分，这两部分害虫都可以通过物理方法防治。其中，营养液或陶粒等基质中的害虫可以采用 3DT-8 型土壤电灭虫机灭杀，烟苗上的害虫可用物理植保液来灭杀。

(3) 如果带电栽培槽内的烟苗得了真菌性病害，如霜霉病、灰霉病、白粉病，那有没有物理防治方法？

答：通常情况下，由于带电烟苗会对空气产生强烈的电离作用，可连续产生一定量的氧化剂如臭氧、氮氧化物，这些物质是高效率的灭菌剂，霜霉病、灰霉病菌会迅速失活。白粉菌是一种耐电磁辐射、耐氧化剂的特殊真菌，需要特殊的物理方法防治它。空间电场与烟气二氧化碳相结合是预防白粉病的特殊方法，空间电场可由带电的烟苗与吸虫架之间建立，而烟气二氧化碳则可通过 YD-660 型烟气电净化二氧化碳气肥机或者 NR 系列农业废弃物制肥机获取。烟气与空间电场的电离作用相结合会产生一种抑制白粉菌生长的硫和酚类胶膜。

(4) 使用带电栽培系统如何才能获得壮苗和高产?

答:肥料是决定壮苗和高产的关键因素。漂浮育苗最重要的肥料供应除了营养液以外,还需要补充二氧化碳和空气氮肥、硫肥。漂浮育苗所需的营养液已经有了优质的配方肥料,但所有设施缺乏的是二氧化碳增施措施。因此,在漂浮育苗带电栽培系统中设置的农业废弃物制肥机就是一种可以提供二氧化碳的机型,烟气二氧化碳与空间电场的结合具有显著的促生长作用,而且这种结合还从空气中向烟苗提供了氮肥和硫肥。

4.10 二氧化碳气肥机

漂浮育苗温室保温封闭期,二氧化碳往往呈现亏缺状态,补充二氧化碳可以显著促进烟苗的生长,并能提高抗病力。

4.10.1 概述

YD-660型烟气电净化二氧化碳气肥机是以静电除尘、间歇微量供施的原理开发的二氧化碳/空气氮肥一体化气肥增施机。按照二氧化碳最佳的微量间歇供施技术方法,本机设置为自动间歇工作方式,实践证实该机型二氧化碳增施效果优于其他二氧化碳增施装备。该机型的巧妙设计保证了功能的多样性。除了净化烟气获得二氧化碳以外,它还可以电离空气产生空气氮肥,同时巧妙的设计将烟气二氧化硫转化为预防白粉病的特效药剂。

4.10.2 适用范围

本机适用于占地667m^2(1亩)以内的蔬菜、花卉、果树等植物温室使用,特别适用于寒冷季节有人居住的、带有操作间、耳房的温室使用或设有集中供暖的温室园区使用。主要解决冬季温室植物产品生产中的二氧化碳亏缺以及白粉病的预防问题,最大限度地提高产量和果实含糖量。

4.10.3 工作原理

本机是一种能从烟气中获得纯净二氧化碳并将其均匀地供给温室植物进行光合作用的机电一体化装备。该机通过内藏引风机将燃烧装置排烟管道中的烟气抽入机内,机内电净化腔可对诸如煤、秸秆、油、液化气等任何可燃物燃烧时产生的烟气进行电净化,可有效地将烟气中的烟尘、焦油、苯并芘等有害植物生长发育的气体基本脱除,并可将部分二氧化硫和氮氧化物脱除且将剩余二氧化硫和氮氧化物转化为植物生长所需的安全肥料和杀菌剂,同时该机能够有效分解掉烟气中含有的可引起秧苗早衰的大部分乙烯。

4.10.4 技术参数

本机主要由烟气电净化主机、吸烟管、送气管、液肥管组成，其中烟气电净化主机包含烟气电净化本体、控制器。YD－660 型烟气电净化二氧化碳气肥机外观见图 4－21。性能指标见表 4－12。

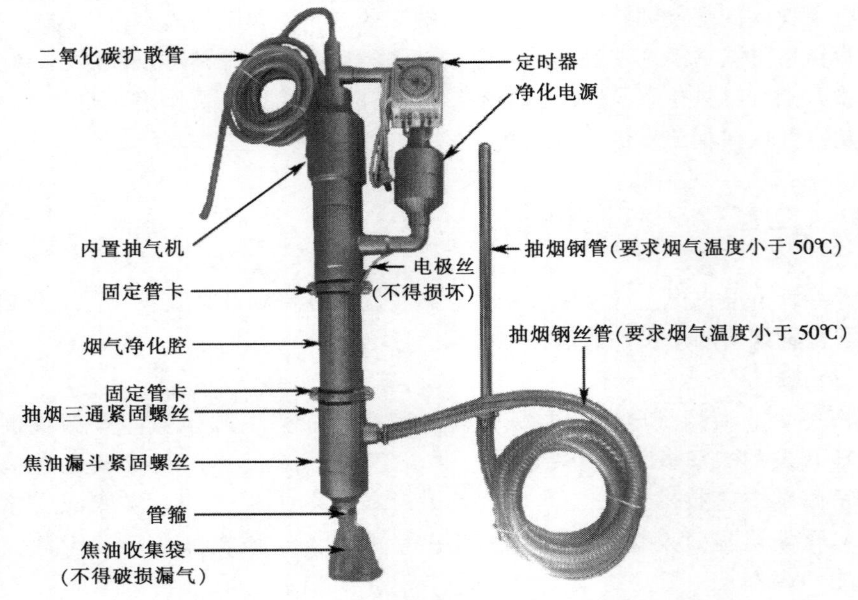

图 4－21 YD－660 型烟气电净化二氧化碳气肥机

表 4－12 YD－660 型烟气电净化二氧化碳气肥机性能指标

参数	数值	参数	数值
电源电压	AC 220V	功率	40W
日耗电	≤0.08kW·h	气肥流量	≥0.65m³/min
适用面积	667m²	工作方式	间歇循环

4.10.5 安装与使用方法

主机的安装：首先，依据吸烟管的长度选择距离燃烧器、煤炉、薪材炉比较近的墙壁作为主机固定的地方。其次，将主机的两个管卡钢钉钉在墙上，两钢钉距离 400mm。最后，将主机固定在墙上。

吸烟管的安装：将吸烟管软头一端和管卡插在主机下端的进烟管上，并拧紧固定好。带有不锈钢钢管（内带有不锈钢丝团）的一端插入燃烧器或煤炉的烟道内，插入深度不要大于 35mm。

送气管的安装：首先将耳房通往温室内的墙壁或门梁处钻一直径为 40mm

的圆孔；其次将送气管一端和管卡插在主机上端的排气管上并拧紧固牢，送气管的另一端从圆孔中插入温室内并拉入，此时一边拉一边应按每 3m 一孔在送气管上烫孔，孔径为 20mm；最后将送气管沿温室后墙与棚梁交界处布设（防晒防老化）。

液肥管的安装：将软塑料管拧在主机底盖的流液嘴上，并用小卡子卡紧。

操作使用：本机为自动工作设备。安装好后接通电源即可进入日复一日的自动循环间歇工作状态。当液肥管充满黄色液体时可用小瓶将液体收存。

黄色液体肥的使用：黄色液体肥主要含有大量的速效氮、硫和碳酸氢根离子和微量钾，按 1∶30 的比例添加清水可作为速效肥料使用，促生长效果十分显著。

4.10.6　维护

本机维护简便且不需经常性维护。每月只需关掉电源，拧开主机底盖，使用细棍（直径小于 10mm）轻轻拨扫掉除尘管管壁的灰垢即可。

4.10.7　建议

增施二氧化碳能促使蔬菜、果树、花卉花芽分化，控制开花时间；增施二氧化碳获得增产的显著程度依次是根菜类、果菜类、叶菜（烟苗）类；提高地温、保持土壤水分是提高二氧化碳增施效果的重要方法；在温室内建立空间电场是提高植物二氧化碳吸收速率和同化速度的最有效措施；高浓度二氧化碳与空间电场结合具有产量倍增效应，而且果蔬口感好，特别是糖度增加显著。

4.10.8　小知识

（1）烟气乙烯的危害及预防

乙烯是燃煤产生的又一气体物质，空气中含有 1×10^{-9} 左右的体积比浓度的乙烯就会起到刺激作用而促进果实成熟和雌花分化，并具有使果实脱落，叶子卷曲、绿色消退及脱落，偏高生长、主枝生长受阻、侧枝生长旺盛等作用。在不饱和碳氢化合物中，乙烯的毒性很高，它会妨碍植物生长素在体内的移动，并进一步阻碍生长素的吸收，进而造成危害。预防燃煤式二氧化碳气肥供施带来的过量乙烯造成的危害仍可采用静电场驱动离子系统或电除雾灭菌系统，这两个系统预防乙烯危害的机理是高压静电场形成的高能荷电粒子、臭氧对乙烯的分解与空气净化，因此，这两个系统是目前采用燃煤供施二氧化碳的最安全和最有效的保护系统。乙烯危害的指示物为番茄、黄瓜以及兰科植物。

（2）二氧化硫的危害及预防

二氧化硫危害作物的浓度在 3×10^{-6} 以上，危害的症状是在同化作用旺盛的叶片上发生烟斑，如果是双子叶植物其叶脉间会出现坏死，单子叶植物的叶片前端变褐枯死且随着受害的加深而向基部发展。就一片叶子来说，叶脉间往往易被侵害。二氧化硫对作物的危害机理大致是大气中的二氧化硫通过植物的叶片气孔进入叶肉细胞，使胞液 pH 降低，进而造成叶绿素中的镁解离，致使光合作用受到抑制而使作物大面积减产。同时，二氧化硫与同化过程中所产生的α-醛相结合形成羟基硫酸，破坏细胞功能，使整个代谢活动受到抑制而影响其生长发育，严重时造成细胞质壁分离，叶片枯焦死亡。另一方面低浓度的二氧化硫还是植物生长发育必需的，特别是那些带有辛辣味的作物，比如大蒜、韭菜、芥菜都是从空气中大量吸收二氧化硫的作物。黄瓜、葫芦、芹菜、甜瓜较花椰菜、番茄吸收二氧化硫多。对二氧化硫抵抗能力最弱的是菜豆、菠菜、莴苣。

4.11 增氧装置

在漂浮育苗设施内，根际氧气浓度与烟苗的生长、根茎病害的发生程度、养分的主动吸收密切相关。在烟苗接近成苗时，根系需氧量大增，如果外界温度大幅升高，则会导致营养液氧气含量的不足。氧气不足影响根系的种种生理机能和秧苗的抗病力，如呼吸紊乱、根茎病害多发等。为此，生产中需要设置增氧应急装置。

4.11.1 原理

采用气泵和微孔管来为漂浮育苗营养液增加氧气含量。常规条件下，液温为15℃时，氧气在纯水中的溶解度为10.06mg/L，而在漂浮育苗的营养液中氧气含量在3.8～5.2mg/L，之间的差距一是根系的呼吸，二是营养液中微生物的呼吸耗掉了氧气，于是通过为营养液充氧可明显改善根系活力和烟苗的生长。

4.11.2 性能指标

HAP-80型增氧机性能指标见表4-13。

表4-13 HAP-80型增氧机性能指标

参数	数值	参数	数值
功率	60W	频率	50/60Hz
电源电压	AC 220～240V	常用出气压力	0.012MPa
最大压力	＞0.035MPa	排气量	80L/min
重量	7kg	外形尺寸	210mm×185mm×171mm
配套微孔管长度	70m		

4.12 农业废弃物制肥机

植物废弃物，如霉变种子、霉变粮食和饲料、野草、食用菌废料棒以及收获后废弃的秧草叶、植物根系等含有植物生长所需的全部营养，如何再利用这些营养物质是农业企业非常关心的问题。除传统的植物残体发酵和秸秆还田外，新的方法是把它们快速燃烧，让植物无法直接利用的有机大分子通过燃烧转化为小分子的速效氮、速效硫等，并用电收集法将燃烧形成的烟气营养成分保留在水里，那么燃烧后的产物灰分肥料、烟气水溶性肥料和排向大气的二氧化碳就都可以再被植物快速利用，这就是循环经济中著名的农业废弃物燃烧快速制肥法。

4.12.1　用途

①制取“三态”肥料：灰分、烟气液体肥、二氧化碳；②向温室补充二氧化碳，促进农作物生长；③将农作物废弃物迅速转化为全元素速效肥；④配合空间电场设备使用获取更好的防病效果和更大的增产幅度。

4.12.2　作业原理

任何植物废弃物燃烧后均可产生灰分、烟气两部分，灰分可以直接充当肥料施入农田，而烟气虽含有大量的氮硫磷等营养物质，但被排入大气而失去经济利用价值，因而将烟气中的氮硫磷以及颗粒物捕捉下来就是新的植物肥料。本机可通过特定的电吸附方法将烟气中的气溶胶吸入液体中而成为一种液体肥，其工作原理是将煤炭、植物秸秆、畜禽粪便燃烧产生的烟气抽入机器内，经静电净化、吸附两个过程将烟气中的氮、硫以及焦油、烟尘等烟气成分收集到特定的区域，收集为烟气肥料，剩余的气体基本是较为纯净的二氧化碳，将其送入温室以此提高植物的产量。植物废弃物经此机燃烧吸附处理后便可迅速变成灰分肥、烟气液体肥、二氧化碳气肥三部分，彻底实现了植物全物质的再利用，其机器工作原理见图 4－22。

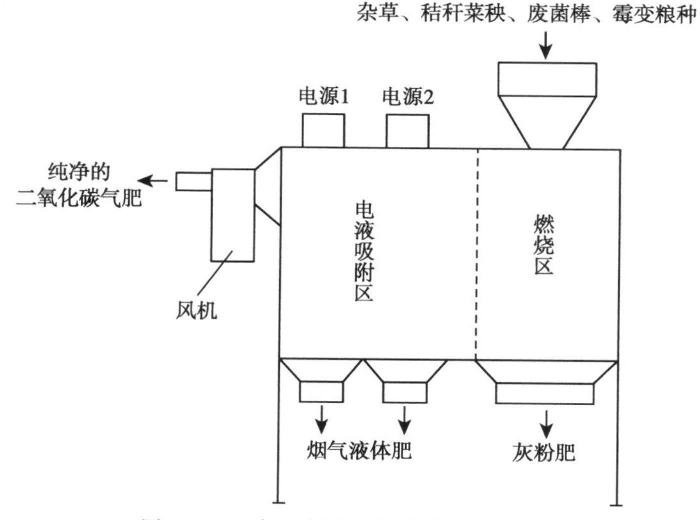

图 4－22　农业废弃物燃烧制肥技术原理

4.12.3 型号及组成

NR－3型农业废弃物燃烧制肥机见图4－23。该类型制肥机主要由燃烧炉、吸烟管、电净化本体、静电电源、管道风机、送气管、机壳等组成。

图4－23 NR－3型农业废弃物燃烧制肥机

4.12.4 性能指标

NR－3型农业废弃物燃烧制肥机性能指标见表4－14。

表4－14 NR－3型农业废弃物燃烧制肥机性能指标

参数	数值	参数	数值
使用电源	AC 220V	点燃电功率	1kW
净化电源功率	0.18kW	风机功率	0.26kW
风机流量	165 m^3/h	植物废弃物（干物）处理效率	3～25kg/h
灰分可燃物含量	≤30g/kg	烟气养料吸附率	≥94%
二氧化碳纯度	≥74%		

注：植物废弃物（干物）是指含水率30%～40%的原料。

4.12.5 农业废弃物

农业废弃物包括：植物型废弃物，如秸秆、野草、烂菜叶子、霉变粮食、食用菌肥料棒；植物与化学添加物混合肥料，如霉变饲料、动物粪便；死亡动物，即动物无害化处理。

4.12.6 常规农业废弃物燃烧成分分析

在选取植物废弃物制肥时，最为关注的是碳、氮、硫的含量，氮是细胞内氨基酸、酰胺、蛋白质、生物碱等化合物的组成成分。氮不仅是对烟苗生长影响最大的元素，也是对移栽后烟草产量、质量影响最大的营养元素。移栽后氮素过多，则生长过分旺盛，叶色浓绿，成熟迟缓或不能成熟，烤后外观色泽暗淡，叶中蛋白质、水溶性氮、烟碱含量高，碳水化合物含量低，吸味辛辣，杂气重，刺激性强，缺乏烟草特有香气，致使品质低劣，有时甚至失去使用价值。氮素营养不足，如果前期缺氮，则生长缓慢，植株瘦小，叶色黄绿。若打顶后氮素不足，则叶片和根系早衰，上部叶狭小，叶内的蛋白质、烟碱等化合物显著降低，烤后叶色淡，叶片薄，香气和吃味淡薄。硫是体内胱氨酸、半胱氨酸、蛋氨酸等氨基酸，维生素 B_1、维生素 H 等，脱氢辅酶 A 及参与氧化还原过程中含有巯基化合物等的组成成分。硫在烟草生长发育中起重要作用。由于常用的氮、磷、钾肥料中含有大量的硫，因此烟草生产上几乎没有发生过缺硫的症状。近来研究认为，硫吸收过多影响烟叶的香气和吃味。施用碳氮比高的肥料，会促进根的生长；抑制茎叶的生长；而施用碳氮比低的肥料，会促进茎叶的生长，抑制根的生长。在选取农业废弃物制取优质速效肥时可参见表 4－15、表 4－16。

表 4－15　常见农业废弃物燃烧成分分析

农业废弃物	燃烧产物分析（%）				营养元素组成（%）					
	水	灰分	挥发分	固定碳	H	C	S	N	P	K_2O
豆秆	5.10	3.13	74.65	17.12	5.81	44.79	0.11	5.85	2.86	16.33
稻草	4.97	13.86	65.11	16.06	5.06	38.32	0.11	0.63	0.146	11.28
麦秆	4.39	8.90	67.36	19.35	5.31	41.28	0.18	0.65	0.33	20.40
玉米秆	4.87	5.93	71.45	17.75	5.45	42.17	0.12	0.74	2.60	13.80
棉秆	8.41	21.69	62.33	7.56	4.74	38.33	0.29	1.55	—	—
1木屑：4花生壳	9.14	13.04	67.38	10.24	5.45	43.83	0.02	0.86	—	—
烟煤	8.85	21.37	38.48	31.30	3.81	57.42	0.46	0.93	—	—

由农业废弃物燃烧制肥机捕获的烟气形成烟气液体肥含有 N、P_2O_5、S 和一些活性物质，如从 C_{12} 到 C_{34} 低分子质量的脂肪烃、以稠环芳烃居多的芳香烃、萜类化合物、羰基化合物、酚类化合物、氮杂环化合物、*N*－亚硝胺等，它是植物废弃物燃烧生成的 5 000 多种气体化学成分的电吸附液。净化后排出的气体成分基本上是较为纯净的二氧化碳。

由农业废弃物燃烧制肥机获取的灰分含有 K、Fe、Mn、B、Cu、Zn、Mo 以及大量的 Ca 元素营养（表 4－16）。

表 4-16　农业废弃物草木灰（灰分）的组成成分

农业物料	草木灰	草木灰的组成分析（%）										
		SiO_2	Al_2O_3	Fe_2O_3	CaO	MgO	Na_2O	K_2O	SO_2	P_2O_5	TiO_2	未定
稻壳	20.26	91.42	0.78	0.14	3.21	0.01	0.21	3.71	0.72	0.43	0.02	0.64
稻草	18.67	74.67	1.04	0.85	3.01	1.75	0.96	12.30	1.24	1.41	0.09	2.68
甘蔗	2.44	46.61	17.69	14.14	4.47	3.33	0.79	0.15	2.08	2.72	2.63	1.39
柳木	1.71	2.35	1.41	0.73	41.20	2.47	0.94	15.00	1.83	7.40	0.05	8.38
麦秆	7.20	55.32	1.88	0.73	6.14	1.06	1.71	25.60	4.40	1.26	0.08	1.82

4.12.7　烟气液体肥的成分和吸附率

由表 4-17、表 4-18 可知，烟气各成分依电液吸附效率大小可以排列为 $CO > P_2O_5 > SO_2$ 或 $NO > H_2O > C_XH_X > CO_2$。从吸附率表观来看，CO 最容易被“吸附”，实际上是电离放电将其分解为 C 和 O_2 或转换成 CO_2，再结合 C_XH_X 的表观吸附率，其实都与电离分解有关，其结果就是增加了 CO_2 浓度，最终显示出 CO_2 吸附率最低的假象，实际上排出的是浓度高达 94% 的 CO_2。实际上，电液真正吸附的是 NO、SO_2、P_2O_5 等富含 N、S、P 复杂成分的气溶胶，吸附率均超过了 86%，吸附液名副其实的是富含 N、S、P 的营养液。

表 4-17　5g 农业废弃物燃烧烟气电液吸附前后气体含量变化的测定

单位：mg

农业废弃物		不同烟气成分电液吸附前后含量								灰分
		H_2O	CO_2	CO	C_XH_X	NO	SO_2	P_2O_5	未定	
豆秧	吸附前	255.0	6 255.0	1 174.0	54.1	129.8	43.2	27.8	—	156.5
	吸附后	42.5	5 675.2	62.0	12.8	23.6	7.3	2.1		
含籽野草	吸附前	246.2	5 624.3	1 518.5	70.9	197.7	37.6	38.3	—	652.0
	吸附后	53.0	5 230.5	74.2	11.0	17.6	4.5	2.3		
玉米秸秆	吸附前	243.5	6 232.0	1 207.0	44.2	23.5	38.0	2.2	—	296.5
	吸附后	58.0	5 832.0	98.2	23.4	3.5	3.7	—		

表 4-18　不同烟气成分吸附效率汇总

农业废弃物	不同烟气成分电液吸附效率（%）								灰分
	H_2O	CO_2	CO	C_XH_X	NO	SO_2	P_2O_5	未定	
豆秧	83.3	9.2	94.7	76.3	81.8	83.1	92.4	—	156.5
含籽野草	78.5	7.0	95.1	84.5	91.1	88.0	94.0	—	652.0

（续）

农业废弃物	不同烟气成分电液吸附效率（%）								灰分
	H_2O	CO_2	CO	C_XH_X	NO	SO_2	P_2O_5	未定	
玉米秸秆	76.2	6.4	98.2	47.1	85.1	90.3	—	—	296.5
平均值	79.3	7.5	96.0	69.3	86.7	87.1	93.2	—	—

综合表 4－17、表 4－18，农业废弃物燃烧制肥机生产的“三态肥”草木灰、烟气吸附液和排出的气体都可用于植物肥料。

4.12.8 使用方法

4.12.8.1 燃烧制肥

装料：装填并压实植物废弃物。

启动电源：该系列机型分为总电源和分电源。检查电炉电源、电净化电源以及风机电源三个分电源是否处于接通状态并保证全部处于接通状态；启动总电源，电炉、电净化和导引风机同时工作。

4.12.8.2 电炉自停设置

电炉启动并引燃“引燃物”后，置于炉体上端的热感应器会在农业废弃物燃烧达到一定温度后自动切断电炉电源。

4.12.8.3 电净化电源与风机自停设置

本系列机型设置有燃烧熄灭自感应装置，待炉体温度降至环境温度时电净化电源和风机电源便被自动切断。

4.12.8.4 灰分肥料的获取

燃烧产生的灰分可以通过人工抖动溜灰秆而使灰分流入灰分收集袋内。灰分肥的主要成分为碳酸钾、碳酸镁、碳酸钙以及一些含磷、氮、硫、铁、锰、硼、铜、锌的物质。

4.12.8.5 烟气液体肥的获取

电吸附的烟气液体肥呈棕褐色黏滞性液体。通过旋动阀钮将该液体肥收入肥料桶内。液体肥的主要成分为硝酸钾、硫酸钾以及一些含磷物质、脂肪烃、稠环芳烃居多的芳香烃、萜类化合物、羰基化合物、酚类化合物、氮杂环化合物、*N*－亚硝胺等 5 000 多种植物源化学成分。

4.12.8.6 二氧化碳气肥的获取

净化脱硫脱硝后的烟气几乎为纯度 90%以上的二氧化碳，剩余为二氧化氮、二氧化硫等。二氧化碳是通过风机排放出去的，这个纯度的烟气二氧化碳可以通过管道连接到机器排气口输送到温室内。

4.12.8.7 热量的利用

农业废弃物燃烧产生的热量可通过管道送到各种农业设施内。

第五章　漂浮育苗病虫害物理防治集成技术

漂浮育苗设施内病虫害物理预防体系的建设是获取优质苗的关键。从播种到成苗移栽的烟苗要经历春季变化无常的气候历练，还要避免漂浮育苗设施所特有的病虫危害，因而就需建立起立体预防烟苗病虫害的物理防治体系，其中包括棚室内外之间病虫害的物理隔离和防治、营养液的消毒增氧、育苗盘的灭菌消毒、空气传播病害的实时预防。在经过多批次的试验后，有效预防漂浮育苗设施病虫害的物理防治集成技术体系已经有了能够推广的集成模式，未来的漂浮育苗设施的病虫害防治体系可以参照该集成模式进行建设。

5.1　育苗温室的物理植保构成元素

典型的育苗温室构成包括塑料大棚、火碱池、防虫过渡间、防虫网、空间电场设施、苗盘消毒设施、光色双诱灭虫灯、物理植保液、烟气二氧化碳增施设施。

5.1.1　棚室内外菌虫隔离

菌虫隔离包括移动物的菌隔离、虫的网隔离、过渡间的缓冲隔离三部分。

在漂浮育苗工场中，烟苗的根茎病害，如根腐病、软腐病、猝倒病、茎腐病、青枯病、烟草花叶病毒和蚜虫及其虫卵等病原物都可通过鞋底带入，设置火碱池是为了杜绝外来人员、运输机械、工具带入的病原物，是杜绝使用农药的第一步。移动物的菌虫隔离措施可归纳为在漂浮育苗工场入口设火碱池、棚室入口设防虫过渡间。移动物的菌虫隔离有两种设置方式：一种是场区各路口设置火碱消毒池，见图 5－1。另一种是在漂浮育苗温室入口设置火碱消毒池，见图 5－2。

在棚室入口设置防虫过渡间以及棚室防虫网是隔离迁飞性害虫，尤其是蚜虫传播花叶病毒的基本措施。虫的网隔离、过渡间的缓冲隔离包括棚室侧通风、顶通风均设置防虫网，棚室入口设置过渡间。过渡间的围护材料选为黑色无纺布或塑料膜最佳，这是因为很多害虫会远离黑色物体，见第四章图 4－16。

图 5－1　漂浮育苗工场入口设置的消毒池

图 5－2　漂浮育苗温室入口设置的火碱消毒池

5.1.2　育苗盘的消毒

采用多用途苗盘消毒机，见第一章图 1－2“育苗物质的消毒装置”、第四章图 4－10 所示的“3DH－280/36 型多用途苗盘消毒机”。为了节省生产成本，漂浮育苗苗盘一般连续使用 5～8 年，但随着连续育苗使用，苗盘累积病原微生物及其毒素也在增加，其苗盘带来的病害随着使用年限的增加而增加，为此，生产中常采用化学消毒剂进行消毒。在物理植保技术集成中，多用途苗盘消毒机是用于苗盘消毒的最佳选择，其对真菌和细菌均有非常好的灭杀作用，是确保烟苗生产安全进行的必备设置。图 5－3 为多用途苗盘消毒机使用现场。

图 5－3　多用途苗盘消毒机使用现场

5.1.3　气传病害的控制

采用空间电场促生防病方法，见第四章中图 4－1、图 4－3、图 4－7。空间电场防病促生技术适合于冷凉、潮湿、阴雨地区，不仅能对连续阴天造成的烟苗生长起到保苗和促进生长作用，而且还能预防漂浮育苗过程中的多种病害，如根黑腐病、黑胫病、猝倒病、立枯病、炭疽病等。图 5－4 为空间电场、灭虫灯集合环境中无病害发生的成苗现场。

图 5－4　空间电场/灭虫灯环境中无病害发生的成苗现场

5.1.4　蚜虫等害虫的控制

采用光色双诱的灭虫灯、物理植保液控制蚜虫等害虫。内生的害虫或者人员进出时带入的害虫也是传播花叶病毒以及其他病害的虫媒，在烟草安全性要求方面，杀虫剂是杜绝使用的，因此，安全型烤烟的源头也必须确保药残限量标准。飞翔类害虫如蚜虫、蓟马等可以通过其趋光性、趋色性来进行诱杀，而聚集性害虫如蚜虫则可通过物理植保液灭杀。光色双诱的灭虫灯诱虫效果见图5－5、图5－6。

图5－5　光色双诱的灭虫灯诱杀鳞翅目害虫的效果

图5－6　光色双诱的灭虫灯诱杀飞翔蚜虫的效果

5.1.5　藻类的控制

设置间歇变化的空间电场用以干燥苗盘表面的水分，进而防控藻类的生长并以此促进出芽的烟苗生长。见图5－7及第三章中图3－9。

图5－7　空间电场抑制藻类暴发的现场

5.2　物理防治病虫害设备集成方案

一幢有防虫网的棚室；棚室要有一个黑色的过渡间，火碱池；棚室内设置温室电除雾防病促生机，设置套数按300～400m²/套计算；要设置多功能静电灭虫灯，挂灯数量按 400m^2/盏计算；育苗场需要配置 1 台苗盘消毒机；要常备物理植保粉，按 60g/667m^2 储备。

实践证明，本物理防治病虫害设备集成方案在实现烟苗成苗前病株率不超过 0.5%、完全不使用农药方面是可行的、经济的。

第六章　漂浮育苗物理增产集成技术

在漂浮育苗设施中，如何提高壮苗率以及整齐度是烟草育苗生产中的重点问题之一。物理壮苗技术或物理增产技术是利用植物生理学的光合作用原理以及电生理学的空间电场与二氧化碳同补产量倍增效应、空间电场根系微电解增氧技术原理、营养液气泵曝气法、增温来实施的生长调控技术的集成，这一集成极大地提高了秧苗质量和生产率。

6.1　空间电场/二氧化碳同补技术

正向空间电场可调控植物的光合作用强度。在空间电场环境中补充二氧化碳，植物可获得快速生长，对于根用植物可获得比平时高 1 倍的生长速度，而果用植物和叶用植物也可获得比常规环境高 1.3～1.7 倍的生长速度。而且因空间电场的存在，设施内空气洁净、无雾气或极少雾气，棚室通风次数明显减少，温度和湿度相对稳定，盐渍化程度降低，为烟苗生长的整齐划一奠定了优质的环境基础。图 6－1 为空间电场与二氧化碳同补的设施环境。

图 6－1　空间电场与二氧化碳同补技术应用

在常规漂浮育苗设施或植物工厂设置空间电场发生系统还有两个好处：一个是空间电场能给漂浮育苗的烟苗根际环境带来比较合适的富氧环境，即空间电场的根系微电解增氧技术。另一个是可以为烟苗带去空气氮肥，氮肥的充足是烟苗壮苗的基础物质。

封闭的漂浮育苗设施总会因烟苗的光合作用而导致二氧化碳亏缺，因此，二氧化碳的增补同样可以提高秧苗的生长速度。另一方面，二氧化碳的增施方式对壮苗也起着显著的影响，每隔 2h 增补一次获得较高的生物产量。

6.2 营养液应急充氧

在营养液栽培中，根际氧气含量的增加可显著促进秧苗的生长。在接近烟苗成苗移栽前，因气候温度升高，烟苗生长加速，根系耗氧量大，此段时间循环营养液或为营养液充氧，不但会提高苗的质量和整齐度，还对预防根系病害产生积极作用。气泵加气管和曝气管是应急的基本措施。图 6－2 为漂浮育苗温室营养液增氧现场。

图 6－2　营养液增氧技术应用

6.3 补光与增温

补光与增温设备作为应急减灾措施是常规漂浮育苗设施必不可少的配置。采用既可加温又可提供简单的光谱辐射的小功率浴霸灯就可以起到保苗的需求。营养液的加温可采用营养液锅炉加温或电加热棒进行。图 6－3 为温室中使用的小型浴霸灯。

图 6－3　温室中使用的小型浴霸灯

对于漂浮育苗植物工厂，光照管理的设置需采用 LED 光照系统或选用荧光灯类的植物灯。温度管理可采用多元化选择，如电加热空气、热水，水雾降温或空调制冷等。

6.4　植物源肥料

壮苗的另一关键因素就是肥料。漂浮育苗的常用配方奠定了壮苗、整齐度高的基础，但为了提高烟苗移栽的成活率还需要提高烟苗的干物质含量，适当地使用“三态肥”可提高植株的韧度而降低折断数量，进而提高移栽成活率。常规漂浮育苗工场配备农业废弃物燃烧制肥机也是必要的。图 6－1 所示的场景含有一台农业废弃物制肥机，其产生的灰分、烟气液态肥和二氧化碳均可用作漂浮育苗。

6.5　漂浮育苗工场的物理增产技术集成方案

漂浮育苗工场的物理增产技术集成方案包括空间电场的温室电除雾防病促生技术、烟气电净化二氧化碳增施技术（或农业废弃物制肥技术）、小功率浴霸灯与营养液加热设备（北方选用）、营养液增氧技术。具体集成方案如下：

（1）温室电除雾防病促生技术设备

因建立空间电场的温室电除雾防病促生机是防病、促生、根系增氧的兼用设备，可按前述物理防治技术集成章节中 300～400m^2/套设置 3DFC－450 型温室电除雾防病促生机。如已经按照物理防治技术集成设置了温室电除雾防病促生机，在此可省掉该设置。

（2）应急补光加温灯

按照9～12m² 设置1盏275W的小型硬质石英浴霸灯泡规则设计。加热营养液可按每5L液体需配置10W电功率的原则选用电加温器。

（3）二氧化碳增补技术装备

按照每667m² 设施面积设置1套YD－660型烟气电净化二氧化碳增施机。或按照每8×667m² 设施面积配置1台NR－3型农药废弃物制肥机。

（4）营养液快速增氧设备

按照每667m² 配置1套125～280L/min的空气压缩机、若干分气排、微孔曝气管。

试验证明该方案能够促使烟苗茁壮生长且成苗期提前5～10d。

6.6 植物工厂物理增产技术集成方案

植物工厂是典型的物理增产技术集成的结果，在现有植物工厂的基础上需要再增加温室电除雾防病促生技术、农业废弃物燃烧制肥机或烟气电净化二氧化碳增施技术装置即可。植物工厂依赖的营养液栽培技术经过近一个世纪的发展，其理论与实践得到了长足进步，但仍有很大的发展空间，特别是安全型烤烟、绿色食品蔬菜需求理念的兴起，化学方式配营养液栽培技术再次面临发展危机。正是这种危机，促使了营业栽培理论的突破以及新技术的产生。残叶燃烧全物质水培原理（即非配方化学肥料营养液栽培原理）的建立，为今后营养液栽培技术绿色化、管理工序简易化提供了新思路，新一代营养液栽培装置将操作简单、可走进千家万户。正是因为农业废弃物燃烧制肥技术的诞生，残叶燃烧全物质水培技术才开始了摆脱化肥的生产实践。

6.6.1 残叶燃烧全物质水培的技术原理

用于水培的植物所需营养物质都可以从干植物燃烧产生的灰分、气化物质以及大气中获得。在残叶燃烧全物质水培中，栽培植物的营养物质来源仅为水、干植物和空气，其中植物生长所需的矿物质营养灰分和碳、氮、硫等气化营养物质均是由干植物在栽培设施内燃烧并经封闭净化处理获得的。

在残叶燃烧全物质水培中，一般植物鲜重的90%～95%是水分，5%～10%是干物质，而在干物质总重中，燃烧后灰分占5%～10%，是干物质，其余90%～95%为碳、氮、硫等可被植物利用的气化物质。因此，理论上讲，在水分供应充足的情况下，燃烧1kg干植物就可以产生20kg的鲜植物，如果以化肥利用率30%～70%作为参考，只要燃烧1.5～3kg干植物就可以满足产生20kg鲜植物的营养需求。

6.6.2　残叶燃烧全物质水培需要解决的问题

利用水、干植物和空气而不是化肥来生产烤烟烟苗、蔬菜等植物产品，需要解决以下9个问题：

（1）干植物在栽培设施内燃烧产生的烟尘封闭化净化，以及碳、氮、硫等气化物质的解毒；

（2）灰分的溶解以及盐类在栽培基质（重度无纺布）中积累的解析；

（3）难溶物质的游离化方法；

（4）空气中氮气的化肥化方法；

（5）病虫害的预防方法；

（6）生长与光合速率的控制方法；

（7）保障根系活性和供氧的方式；

（8）pH调节方式；

（9）重度无纺布的防藻与再生处理。

针对以上问题，残叶燃烧全物质水培技术必须是设施化技术，而且是植物生长环境控制技术、空气净化与水处理技术、营养液栽培技术等多种技术的集成。残叶燃烧全物质水培技术设施是全面解决上述9个问题的新设施。它由密封外罩、栽培床、营养液循环系统、残叶肥料转换系统、空间电场防病促生系统、加温与补光系统、程序控制器组成。

6.6.3　残叶燃烧全物质水培工艺

残叶燃烧全物质水培工艺主要包括以下内容：

（1）由残叶到灰分、气化物质的转化

它是在残叶肥料转换系统内进行的。残叶肥料转换系统由干燥燃烧器、静电场与湿帘复合净化器、放电处理器、灰分活化器组成。

在残叶肥料转换系统内的肥料化过程是先将含水率高的鲜残叶通过电热干燥，焦化，然后再引燃，燃烧产生灰分和含有大量CO_2的烟气。有难溶营养成分的灰分可以直接掉入灰分活化器内并通过液中放电而游离活化。燃烧过程产生的烟尘、焦油以及高浓度二氧化硫、氮氧化物等对植物带有毒性的气化物质通过静电场与湿帘复合净化器获得脱除和收集、解毒而成为类似于农村火炕坑洞土肥性的酸性液体肥料，CO可继续通过放电处理器转化为碳素或CO_2，最后排出的是纯度在95%～99.9%的CO_2，这一最终气体被直接释放在营养液栽培空间内。

（2）营养液的循环与pH的调节

这一过程是通过营养液循环系统、残叶肥料转换系统、空间电场防病促生系统的协同作用完成的。

营养液循环系统由泵和喷雾器组成，泵的进水口与残叶肥料转换系统中灰分活化器出液口相接，泵吸取灰分活化器中的灰分肥料液并将液体以雾化形式向栽培床喷施。由于单独的灰分肥料为碱性液体，肥料液的 pH 大于 7，为了中和偏碱液，残叶燃烧全物质水培技术设施中由残叶肥料转换系统、空间电场防病促生系统共同保障灰分液的中性化。残叶肥料转化系统中的静电场与湿帘复合净化器向灰分活化器滴注由焦油、二氧化硫、氮氧化物和水等物质组成的酸化肥料，同时布设于栽培床上方的空间电场防病促生系统的电极线通过对空气放电使氮气转化为氮氧化物，氮氧化物和 CO_2 与水汽结合组成酸性气溶胶，这些酸性气溶胶在带电电极线与接地栽培床之间形成的空间电场的作用下，从空气中脱除并吸附凝聚于栽培床的植株上和栽培设施的外罩内表面，之后由营养液循环系统喷雾形成的水流冲入栽培基质中，此过程循环往复，灰分液的 pH 基本保持在中性状态。

为了保证 CO_2、肥料化氮气的供应，栽培设施的密闭外罩有一对可调节通气量的阀门，该阀门在干燥器无燃烧的情况下可打开，让外界的空气进入。

为了保证灰分液的洁净，除了液中放电处理以外，灰分活化器底端设有一段复合过滤棒，带有植物根系代谢物、死皮细胞或组织的废液进入灰分活化器经放电处理和过滤处理可得到清亮的灰分营养液，在运行一段时间后，复合过滤棒可取出置放在干燥燃烧器中进行高温烘烤，待表面恢复黑灰色以后，可装回原处继续使用。

(3) 病虫害的物理预防

这一要求由空间电场防病促生系统、残叶肥料转换系统、防虫网完成。

空间电场防病促生系统是在栽培床上方设置一个通过绝缘子与接地设施隔离的空间电极（+），并以栽培床和其他结构物为接地极，当系统直流高压电源向空间电极输电后，空间电场就在两极之间建立起来，同时，因高压电极对空气放电产生的微量臭氧、氮氧化物等氧化性很强的杀菌剂以及高能带电粒子的灭菌消毒作用，使漂浮于设施内的气溶胶微生物被杀死、钝化，并被空间电场的库仑力作用而从空气中脱除，这一过程会按空间电场的循环间歇工作程序不断重现，气传病害将得到有效预防。另一方面，设置于电极线旁边的黄色闪光器会将白粉虱、蚜虫等趋光类昆虫吸引过去，而受空间电场作用被吸附致死于闪光器表面。防虫网则会防止大型害虫的侵入。

残叶肥料转换系统中的灰分活化器是处理灰分液微生物以及线虫等有害生物的核心。由栽培床基质渗漏下来的溶液进入灰分活化器内，并在液中电极的放电作用下达到灭菌、消毒、杀虫的目的。生活于无纺布之中的微生物可使根系脱落物进行分解并产生氨气、硫化氢等异味气体，这些气体浓度极低时能够促进植株的生长，然而在培养条件下，一旦有微生物制造了这些气体，其后，这些气体就会大量产生出来，就会造成栽培失败，因此，成功的水培要能够确保栽培液中、栽培基质中的微生物数量受到控制，灰分活化器放电产生的氧化性蒸汽可上升至基质处并对基质继续灭菌消毒。

（4）生长与光合速率的控制

控制生长与光合速率是通过程序控制器由空间电场防病促生系统、残叶肥料转换系统、营养液循环系统、加温与补光系统联合实施的。

正向的空间电场能够显著加快植物吸收由残叶肥料转换系统释放于栽培设施内的高浓度CO_2，提高植物在弱光环境中的光合强度。变化的空间电场通过调控钙离子在植株以及植株与营养液之间的浓度分布来调节植物的各种生理活动过程（包括激素调节过程、光调节过程、重力调节过程）的变化。这些过程的变化，激活了植株的各种生理机能，促进了同化产物和矿物质营养肥料的输送，加快了植物的生长速度。

残叶肥料转换系统、营养液循环系统可将足量的灰分营养液输送到栽培基质中，每日提供的灰分量可通过程序控制器控制的灰分活化器电磁振动板配送。灰分液的安全极限浓度是通过置放在溶液中的特殊电极进行检测控制的，溶液电阻一旦超限，控制部件立即进行声光联合报警。

加温与补光系统由水加温器、日光灯、发光二极光管或冷阴极发光电源组成。其中，温度是通过温度传感器实施控制的，通常情况下，补光是以发光二极管闪烁形式进行的。

（5）根系的活性和供养的保障

保障根系活性和充足的供养是确保根系健康和有效抵御根系微生物侵害的关键。光照作用的增强、灰分肥料与CO_2的充足供应、空间电场的建立、吸水基质材料及其裙褶（“W”式）栽培结构是保障根系活性和充足供氧的综合措施。

CO_2的充足供应、空间电场的施加及光照强度的增强可提高碳水化合物向根系的转移速度和数量，充足的碳水化合物是根系提高呼吸强度、进行主动吸收和生长代谢的能量。高浓度的CO_2与正向电场的配合能够显著促进根系的生长和活性，根系表现为亮白色。

裙褶（“W”式）栽培结构由吸水基质材料组成，是植株根系附着生长、进行营养吸收及代谢产物交换的处所。根系附着在重度无纺布表面保证了根系氧气的充分供应。“W”式栽培结构，既能保证根系处于湿润、黑暗、富氧的小环境内，又能夹持植株防止倒伏。“W”式栽培结构是一可调结构，播种或植苗时，旋转调节旋钮，“W”式结构就会自动张开，将种子或苗木撒播或栽植在沟槽内，再向相反方向旋转调节旋钮直至“W”式结构闭合为止。

（6）重度无纺布的防藻与再生处理

防止藻类繁殖也是营养液栽培技术设施重点解决的问题。在“W”式结构栽培床表面铺设纺织状黑纱能够解决藻类的繁殖。另一方面，灰分活化器可对由栽培基质渗漏下来的、携带有藻类的废液进行灭菌、消毒、杀虫、灭藻的综合处理。重度无纺布的再生处理可采用酸性处理与柔化处理相结合的方式进行，酸性处理剂、柔性处理剂的选用要考虑无毒和环保方面的要求，5mm 厚的无纺布可连续使用 1 年再进行酸化和柔化处理，其寿命在 3～5 年。

总的来说，残叶燃烧全物质水培技术是通过多种技术的集成完成栽培全过程的，是一种接近无废物、节水型的高效栽培设施化技术，由于技术的密集集成，作物生产性能、可靠性远较普通营养液栽培技术好。

第七章　移栽后物理植保与增产技术

在物理防治技术集成的漂浮育苗温室出产的烟苗在移栽大田后会遇到多种病虫害的袭扰，收获后仍会受到害虫的破坏，因而，从育苗到生长再到采收的全程物理植保和减灾增产才能够确保绿色烟草目标的实现。大田烟草病害既包括生理性病害，又包括病原微生物感染的病害，物理防治通常偏重于病原微生物引起的病害，由气候引起的生理病害基本上是顺其自然。大田烟草病害主要是由于丝状体的真菌、单细胞的细菌和没有细胞结构的病毒三种致病微生物所引起的，它们的新陈代谢方式有很大区别，防治手段也是不尽相同的。国家标准《烟草病害分级及调查方法》（GB/T 23222—2008）列举的病害为烟草种植期间常见的种类，而收获后的仓储害虫基本涉及大谷盗幼虫三种。因此，依照此标准确定烟草大田和收获后的物理植保技术实施方案和实践指南。

7.1　移栽时的保苗

漂浮育苗温室成苗后移栽方式多种多样，其中机械化井窖栽培模式的应用具有很好的推广前景。井窖形成的湿热小气候满足了水培苗的发根缓苗的物理条件要求，既提高了苗的成活率又减轻了劳动强度。因此，本着农机与农艺的有机结合，物理植保与增产技术需要确保漂浮育苗烟苗的根系活力及苗的柔韧度，以此提高井窖栽培苗的成活率。图 7－1 为井窖式栽培的“物理苗”。

图 7－1　井窖式栽培的“物理苗”

7.2 大田病虫害

7.2.1 微生物引起的病害

土传真菌性病害：如根黑腐病、立枯病、黑胫病、炭疽病（也可气流传播）及蛙眼病（也可气流传播）。

气传真菌病害：赤星病、白粉病。这类病害引起的症状最常见的是坏死和腐烂，病斑较干且常常长出各种颜色的霉层或小黑点，无臭味。

土传与水传细菌性病害：如青枯病、角斑病、野火病。这类病害以破坏细胞壁为特征，症状为腐烂、萎蔫，且出水呈烂泥状并伴有臭味。细菌病害和水关系密切，其分布常与流水、淹水、雨滴飞溅相伴。

烟草病毒病：普通花叶病、黄瓜花叶病、马铃薯Y病毒病。这类病毒侵入植物一般不会立刻杀死植物，主要是改变植物生长发育过程，引起植株变色和畸形，其传播常和传毒昆虫的活动有关。烟草病毒病的详细症状如下：普通花叶发生期为苗期至旺长初期，其病症状为花叶症、泡斑症、畸形症（叶缘下卷）、小叶脉绿症；黄瓜花叶病发生期从苗期至旺长初期，但团棵期至旺长初期较重，其症状为花叶症、泡斑症、畸形症（叶缘上卷）、闪电状坏死症、叶脉坏死症。马铃薯Y病毒发生期从苗期至旺长期，其症状为脉带花叶型、小叶脉绿型、叶脉坏死型、枯斑型、畸形型、褪绿斑点。

7.2.2 环境非侵染病害

环境非侵染病害如气候斑点病。该病主要因汽车、工厂等污染源排入大气的碳氢化合物和氮氧化物等一次污染物，在阳光的作用下发生化学反应，生成臭氧、醛、酮、酸、过氧乙酰硝酸酯（PAN）等光化学氧化剂，以臭氧为代表形成的危害。其次，一些大棚膜、塑料制品也会放出过氧乙酰硝酸酯而对烟叶造成斑点病症。

7.2.3 虫害

土壤虫害：根结线虫病、蛴螬、小地老虎幼虫、野蛞蝓。

地上部分虫害：蚜虫、烟粉虱、烟青虫幼虫、斜纹夜蛾幼虫。

7.3 仓储害虫

烟草仓储害虫：烟草甲、烟草粉螟、烟草大谷盗幼虫。烟叶仓储害虫会严重影响烟叶的品质，在烟支上留下孔洞或异味，对卷烟产品质量和品牌的生存构成威胁。图7－2为烤烟仓储库房。

烟草甲虫每年发生的代数因地而异，一般一年发生2～6代，主要以幼虫

图 7-2　烤烟仓储库房

越冬，少数以蛹越冬。幼虫在烟叶缝隙中、碎屑内或包装物壁上作茧越冬。烟草甲成虫将卵散产于烟叶的皱褶和中肋处及碎屑中间，成虫多在夜间活动，有趋光性。幼虫孵化后即蛀烟，喜食潮湿烟的柔软部分，往往啃食成大孔，并吐丝与烟叶碎屑及粪便结成管状巢潜伏其中危害。

烟草粉螟为烟草粉螟属鳞翅目螟蛾科，以幼虫危害烟叶。烟叶受害后，轻者造成孔洞，重者烟叶被吃光仅剩叶脉。被害烟叶还遭受丝网、虫尸和虫粪的污染，并极易发霉变质，潮湿的烟叶受害严重。

大谷盗以成虫和幼虫危害烟草，还能咬食木质物、麻袋等。成虫在木板缝隙、碎屑、包装物缝隙内越冬，少数以幼虫越冬。成虫将卵散产或成块（10～60 粒）产于缝隙内，每雌虫可产卵 500～1 000 粒。成虫、幼虫有相互残杀习性，喜黑暗，常蛀入木板、梁柱内潜伏。幼虫耐饥、耐寒力强，在－9.4～6.7℃下，成、幼虫均能生存数周。

7.4　大田部分病虫害的物理植保技术

依据病虫害侵染烟草方式的不同，物理植保技术的集成包括气传病害、土传病害、土壤病虫害、地上部分虫害四部分防治技术的配置。

7.4.1　真菌病害的物理防治技术

大田可采用空间电场防病促生技术装备，如 3DFC－450 型温室电除雾防病促生机，按照每亩设置 1 套布设，每条电极线可以管控左右各 4m。主机和绝缘子安装在电线杆上，电极线可按长度方向延伸。图 7－3 为控制烟草病害的空间电场防治模式。白粉病可以使用物理植保液进行防治。

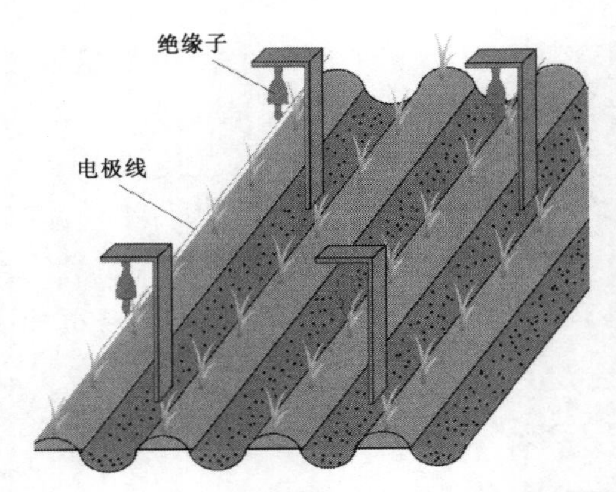

图 7-3 控制大田烟草病害的空间电场防治模式

7.4.2 细菌性病害与土壤虫害的物理防治技术

前述的空间电场防病促生设备对这类细菌性病害也有较好的防治效果，但土壤病害的最好防治方式是空间电场与土壤电消毒灭虫技术相结合，这种结合还可以充分防控根结线虫、小地老虎等害虫的危害。土壤消毒灭虫可选用3DT系列土壤电消毒灭虫机。

7.4.3 地上部分虫害的物理防治

蚜虫、烟粉虱的防治可以采用物理植保液。烟青虫幼虫、斜纹夜蛾幼虫的防治除了采用物理植保液（找到虫子喷难度比较大）灭杀以外，最重要的是控制其成虫的数量，目前最好的物理办法就是布设光、色双诱的静电灭虫灯。

烟草病毒病还没有特效方法，只能以预防为主。灭杀蚜虫是预防烟草病毒病的有效措施，除了前速物理防治蚜虫以外，生物防虫也是满足绿色烟草生产的一种有效方法。图 7-4 为生物防蚜人员释放蚜茧蜂。

图 7-4 烟田释放蚜茧蜂

7.5　仓储害虫的物理防治

采用诱虫灯诱杀喜光的烟草甲成虫，降低虫口数。

采用叶片复烤工序，叶片干燥各区段温度一般为 65～120℃、持续干燥时间约 8min 可杀死大部分烟草甲等害虫。

采用塑料薄膜把烟垛密封起来，往垛内充高浓度二氧化碳（来源于农业废弃物制肥机）可使害虫窒息死亡。

因绿色烟草已经成为今后的发展方向，在物理防治烟草仓储害虫技术领域不断诞生了一些新假说、新理论，如瞬间高电压放电灭虫灭菌方法已经开始应用于烟草仓储灭虫试验。随着仓储物理防虫技术的实践，瞬间高电压放电灭虫灭菌技术装备正在逐步走向成熟，一种操作安全简单的、可以随时随地进行麻包烟叶害虫灭杀的放电灭虫设备已在试验中。图 7－5 为瞬间高电压放电灭虫灭菌技术装备灭虫操作示意图。

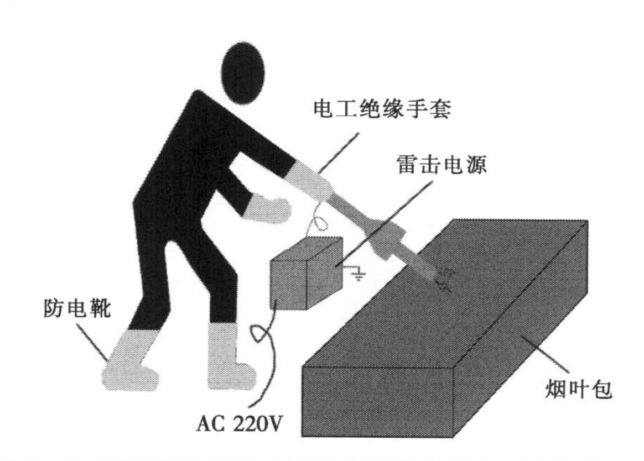

图 7－5　瞬间高电压放电灭虫灭菌技术装备灭虫操作示意

第八章　研究报告与实施规范

8.1　育苗漂盘的消毒方法研究

利用水体电消毒的原理研究开发一种育苗物资物理消毒的设施及技术，对育苗漂盘、基质等育苗物资进行一次性消毒，重点检测育苗漂盘、基质经过消毒处理后的病原微生物数量，以期明确育苗物资物理消毒技术的应用规范。其研究内容见附件1《温室育苗盘的消毒方法研究》。

8.2　营养液与苗盘的电灭菌消毒技术及实施规范

虽然漂浮育苗的营养液卫生条件通常较好，但一旦有猝倒病、根腐病发生势必会污染营养液，这时就需要进行营养液体的灭菌消毒。营养液的电灭菌包括液体本身和苗盘消毒灭菌两部分，两者消毒灭菌依据的核心方法为微电解的电化学反应：

原子氧的产生：$2OH^- \longrightarrow [O] + H_2O$　　(1)

原子氯的产生：$Cl^- \longrightarrow [Cl]$　　(2)

8.2.1　营养液电灭菌消毒规范

营养液经电消毒后，真菌和细菌类微生物数量可显著下降，进而利于苗期的根系病害预防；同时，营养液经微电解处理，其营养液中对烟苗生长不利的氯离子浓度也可以大幅度降低。

8.2.1.1　灭菌消毒原理

进行营养液的灭菌消毒需要将漂浮育苗池中的水体与营养液池通过管路相连，期间设置水体电消毒设备进行营养液水流的处理。经过微电解后营养液自身可产生一定量的强氧化剂，其中的真菌和细菌会被氧化剂灭活和钝化，而且烟苗生长过程中排入营养液里面的毒素会被分解掉；营养液在微电解过程中会有显著的温升，超过45℃便会有很多种类的微生物死亡，且令氧化剂的灭菌消毒能力提升。

8.2.1.2　设备

需要配置的设备：3DH－280/36型水体电灭虫消毒机，营养液泵，营养液管路，电源AC 220容量为7.5kVA。

8.2.1.3　处理流量

泵流量选择：6 000～10 000L/h。发生病害时建议选择 600L/h，常规消毒灭菌选用大流量。

8.2.1.4　处理时间

常规情况下选择每 30d 进行一次处理。

8.2.1.5　营养液的还原

营养液微电解后需要与池内的营养液原液混合，稀释微电解产物原子氧、原子氯的浓度。通常与流量为 6 000～10 000L/h 泵相配的池容积应大于 $8m^3$。

8.2.2　苗盘的灭菌消毒规范

为了节省生产成本，漂浮育苗苗盘一般连续使用 5～8 年，但随着连续育苗使用，苗盘累积病原微生物及其毒素也在增加，其苗盘带来的病害随着使用年限的增加而增加，为此，生产中常采用化学消毒剂进行消毒。在物理植保技术集成中，水体微电解消毒技术是用于苗盘消毒的最佳选择，其对真菌和细菌均有非常好的灭杀作用，是确保烟苗生产安全进行的必备设置。

8.2.2.1　灭菌消毒原理

消毒槽内的盐水经过微电解会产生强烈的氧化剂原子氯和次氯酸盐，并在短时间内槽内消毒液温度升至 25℃以上，热的消毒液可将苗盘表面的黏结物迅速溶解掉，并浸入苗盘细微的结构间隙内而将微生物灭活钝化，并将附着的根系分泌的毒素分解掉。

8.2.2.2　设备

3DH－280/36 型水体电灭虫消毒机，消毒槽，温度计。

8.2.2.3　微电解介质

食盐：每千克水加 1.2～10g，建议 2g；水：加至消毒槽槽高的 4/5。

8.2.2.4　消毒槽水温

消毒槽水温 25～45℃。

8.2.2.5　消毒时间

漂洗苗盘：快速浸没 2～3 次，每盘至少漂洗 5s。

8.2.2.6　苗盘的干燥与再用

苗盘从消毒池取出后需要晾晒干燥至水分全部蒸发方可使用。

8.3　漂浮育苗剪叶物理消毒装置灭菌试验研究

利用原子氧喷系统对空气进行电离的原理，研究开发一种与剪叶机配套使用的物理消毒设备及技术。杀灭剪叶过程中带来的真菌、病毒病原物，实现自动预防病害、消灭农药残留，重点检测经过剪叶消毒处理后的烟草普通花叶病毒（TMV）、烟草黄瓜花叶病毒（CMV）、马铃薯Y病毒（PVY）、灰霉病、炭疽病、立枯病、猝倒病等病原数量。其研究内容见附件2《漂浮育苗剪叶物理消毒装置灭菌试验研究》。

8.4 剪叶物理消毒技术及实施规范

剪叶是培育壮苗不可少的一项措施，而剪叶过程也可能成为病害传播的主要途径。

8.4.1 剪叶物理消毒技术

为了防止病害在剪叶过程中的传播，将3DDC-3型剪叶刀专用等离子体灭菌消毒机安置在剪叶机上。携有等离子消毒装置的剪叶机是用于剪叶过程中实时消毒的最佳选择，其对真菌和细菌均有非常好的灭杀作用，是确保烟苗生产安全进行的必备设置。在剪叶机利用旋刀对烟苗进行剪叶作业时，由原子氧（低温等离子体）喷器将具有强烈灭菌消毒的氧化性气体喷入切刀护壳内，并在护壳与苗盘形成的相对封闭环境中持续形成足可以杀灭和钝化任何细菌、真菌以及病毒的浓度，预防剪叶过程的病害传播。

8.4.2 实施规范

8.4.2.1 设备

需要配置的设备：3DDC-3型剪叶刀专用等离子体灭菌消毒机，任何型号的剪叶机。

8.4.2.2 安装

首先将3DDC-3型剪叶刀专用等离子体灭菌消毒机安装在选定的剪叶机上。其次在护壳上正对割刀的位置钻一直径为16mm的孔，将喷嘴固定在上面，并使用3DDC-3型剪叶刀专用等离子体灭菌消毒机配套的内径为10mm软管连接其上。

8.4.2.3 控制器的使用

开始剪叶时，将3DDC-3型剪叶刀专用等离子体灭菌消毒机的控制器（定时器）控制钮拨到恒定工作位置即可。

8.4.2.4 剪叶机作业速度的要求

为了降低等离子体对叶片的氧化损伤，剪叶机直线运行速度不得低于0.3m/min。

8.5 温室电除雾防病促生机综合试验研究

8.5.1 国内外防病促生长技术现状

20世纪60年代初期，国外有专家提出了有害生物综合治理的概念，指出害虫防治不是以“消灭”为目标，而是将其种群数量控制到不致造成危害的水平。1967年联合国粮农组织召开的“有害生物综合防治专家讨论会”上提出“有害生物综合防治”（Integrated Pest Management，IPM）的概念。农作物综合防治的方法主要有：植物检疫、农业防治、化学防治、生物防治、物理机械防治等。

8.5.1.1　防治病虫害的技术

植物检疫是为了保护农业生产的安全，防止危害性病虫和植物的传播蔓延，而颁布法规，针对某些特定的植物及其产品进行检疫，并采取相应的限制和防治措施。法国是最早颁布防止病虫害传播法规的国家。1660年，法国卢昂为了控制小麦秆锈病的大规模发生，颁布了铲除小檗（小麦秆锈病菌的转主寄主）并且严格限制小麦输入的法令。当前世界上绝大多数国家都已制定了自己的植物检疫法规。

农业防治是根据病、虫等有害生物的生物学特性、产生的危害的特点与农业因素的关系，在保证农作物优质高产的前提下，综合运用各项农业措施对农业生态进行调节控制，从而达到防控病虫害的目的。美国的E.D.桑德森根据生物学的观点研究了多种农业防治方法。此后，在害虫抗性品种的培育、筛选和鉴定，抗性机制、抗虫性和害虫致害力的遗传，以及环境条件对农作物抗虫性的影响等理论研究方面取得进展。当前，多抗性品种的选育、使用已经成为国际综合防治的发展方向。

化学防治具有效率高、品种多样、使用方便快捷、防治对象广泛等优点。随着化学防治方法的大范围普及，它的许多弊端暴露了出来，例如它能够导致防治对象产生抗药性、造成农业生态环境的污染、农作物上残留的农药会对人体造成危害等。

利用有益生物或生物的代谢物来控制病虫发生与危害的方法，称为生物防治法。生物防治法对人畜、农作物无危害，清洁环保，选择性强，没有药物残留，不会使病虫产生抗性，并且成本较低，如烟草领域使用蚜茧蜂控制蚜虫传播危害。

物理、机械防治是利用病虫的某些趋性、习性等，应用某些物理因素或人工、器具来防治病虫害的方法。依靠物理植保技术中的空间电场防病促生技术和色诱光诱灭虫技术能够解决地上部分的气传病害和部分虫害。随着土壤连作电处理技术的深入研究，根结线虫病的防治技术取得了巨大进展，2009年又在韭蛆的灭杀电参数研究上获得了突破，目前，土壤连作障碍电处理技术已经可以对土壤中的大部分害虫以及大部分的真菌、细菌进行有效的灭杀[1-3]。

8.5.1.2　促进生长技术

促进农作物生长技术主要有提高作物光合作用，合理施肥，调节作物激素等技术手段。

光合作用的调控：高作物光合作用对农业生产、环保等领域起着基础指导的作用。可以利用光反应的影响因素，建造温室大棚，以促进农作物生长，提高作物产量。

施肥：合理施肥是实现增产、稳产、环保的一个重要措施。施用磷肥，要做到根据土地的具体情况，合理定量；根据不同作物对磷的需求，合理施用；施用氮肥，要做到适时施用；要做到有机与无机肥料配合施用。

植物生长调节剂：植物生长调节剂能影响植物内源激素的合成、运输、代谢、与受体的结合、信号转导过程，从而改变作物的生长发育过程。因此，作物化学控制的发展与植物激素生理的研究有密切的关系。数十年来，人们合成、筛选、试验的化合物成千上万，但最终投入生产应用的植物生长调节剂种类却很少，用于大田作物的更少，只有赤霉素、乙烯利、缩节安、多效唑等几种，其他物质要么不具有针对性，要么效果不稳定，要么产投比太低。不容忽视的是，调节剂原药的开发目前已进入瓶颈阶段，近 10 余年来几乎没有推出成功的新产品，这对作物化学控制的发展是一场严峻的挑战。

8.5.2 国内外高压静电场技术的研究状况

本书中所论述的空间电场，是指高压直流静电场。最早对空间电场的研究来自对大气电场的研究，地球上空外层的大气环境中存在的静电场，称作大气电场。实际上，地球上的一切生物无时无刻生活在这个巨大的电场环境中，在形体构造、生长发育、生活习性等方面都建立了与之相适应的特性。

8.5.2.1 静电选种

由于作物种子的比表面积、重量、品种以及组成成分含量的不同，其电学特性表现也各不相同。不同种子的电学特性的差异会使种子在静电场中产生有差异的运动轨迹，从而将优良和劣质的种子区分开来，去除杂质和腐烂、碎裂的种子[4]。

8.5.2.2 静电促进种子萌发

高压静电场的电晕放电可以产生 NO、NO_2 和 O_3 等气体，产生的含氮气体能够与水产生化学反应，生成硝酸和亚硝酸，种子的外壳经过硝酸、亚硝酸的腐蚀后，能够促进种子的萌发。

8.5.2.3 静电授粉

静电喷涂授粉技术是利用高压发生装置产生电晕放电，使花粉附近的空气电离，用电离后产生的离子对花粉进行轰击，从而使花粉呈现带电状态，花粉会在静电力与空气阻力作用下产生运动，当运动到开花的作物植株上时，若带电花粉距离作物植株较近时，由于生长在田地的作物电势为零，从而使花粉荷电产生电流，使开花的作物植株表面带上异种电荷，最终使带电花粉附着在开花作物植株的雌蕊柱头上，完成静电受粉过程。在过去的十几年，以色列和美国的科研人员利用静电技术及计算机技术，计算出在静电场的引导下带电花粉附着在雌蕊柱头上的数学模型，成功研制出两种喷涂系统，即湿性花粉喷涂系统和干性花粉喷涂系统，经试验验证，此系统可以提高受粉率，能够相应地提高果树的结果率及果实的产量[5-6]。

8.5.2.4　静电除尘除雾

利用高压静电电晕放电原理，使粉尘荷电，在静电力的作用下，粉尘被吸附到高压静电装置上，从而达到净化空气的目的。我国对静电除尘技术的研究开始于20世纪70年代，进入21世纪以来，我国的经济迅速崛起，工业向大型化、高产化发展，虽然近年来我国积极倡导使用新型燃料，但煤仍占主导地位，静电除尘技术由于具有高效、方便、快捷等特点拥有广阔的发展研究前景[7-8]。

雾气中含有大量的水分，利用此种特点有许多办法可以减弱雾霾对生产、生活造成的影响，例如利用静电场聚水技术等，都可以减弱或消除雾气，最终达到净化空气、变雾为水的目的。静电除雾技术是利用高压静电场对空气进行电离，使空气产生负电离子，通过与悬浮在空气中的微粒互相碰撞，使微尘颗粒荷电，使其受到电场力的作用而聚集在电极上，目前，我国静电除雾技术应用在三氧化硫磺化尾气的酸雾净化，解决了排放废气所带来的环境污染[9-10]。

8.5.2.5　静电发酵技术

在国外，相关科研人员利用静电液滴针装置产生静电力作用于酵母溶液，这项技术使小直径菌株的酵母原液连续地滴入发酵原料堆中，实现了对啤酒发酵过程中的酵母菌数量的控制，试验结果显示，使用标准为27#针管、电压6kV以上的静电液滴针管，可以使啤酒发酵效果最优[11]。

8.5.2.6　静电储藏技术

静电可以用于水果及蔬菜的储藏保鲜。近年来，许多科研人员在静电保鲜技术做了大量试验研究，例如：使柿子处于高压静电场的环境中，能够使柿子的硬度保持相对稳定，可以减少柿子中维生素C的流失，并且可以使采摘后柿子的新鲜度维持更长的时间，在相同的储藏条件下，经60 000V/m的静电场处理后柿子具有最佳保鲜效果[12]。孙贵宝等人利用高压静电场对青椒进行处理，结果发现，青椒的腐烂程度有所降低，质量减少量相对较低，并且乙烯和水分的挥发量也会减少，保鲜效果较好[13]。

8.5.2.7　静电干燥技术

食品干燥技术主要有机械脱水技术、加热干燥法、化学除湿法等，这些干燥法会损坏食品的维生素、色素、糖分、芳香物质等。国内外已有大量利用高压静电场进行脱水干燥技术的研究，例如内蒙古大学在静电干燥技术方面的研究取得了进展；我国丁昌江等人在利用静电干燥牛肉干食品加工技术中取得成功；研究发现，电场强度与干燥速率成正比关系，电场强度越强，干燥速率也越快[14]。与其他干燥方法相比，静电干燥方法脱水率高，干燥效果好，并且对物料有一定的杀菌作用，因此，静电干燥技术具有广泛的应用领域及应用前景[15]。静电干燥用于漂浮育苗可干燥苗盘表面、育苗基质表面的水分，进而抑制藻类的生长繁殖。

8.5.2.8 静电在医疗保健中的应用

通过对空间电场对动物影响的研究显示，其在医疗保健方面表现出一定的作用，目前在治疗软骨病、禽卵软壳症、神经衰弱、骨伤、改善人体机能等方面表现出良好的治疗效果，可以确信，经过科研人员的深入研究，将会使静电在医疗方面取得更加广泛的应用[16]。

8.5.2.9 空间电场促生防病及畜禽舍的杀菌技术

植物生长发育离不开电场，空间电场能促进植物生长和预防病害。国内有研究人员做了相关试验研究，用接地的金属网罩住处于生长期的植物，将屏蔽自然静电场，发现被罩住的植物的光合作用受阻，而且植物的新陈代谢作用减弱，植物的生长及抗病能力有所下降[17]。空间电场可以产生 O_3、NO 和 NO_2 等氧化性极强的气态物质，这些物质可以净化空气，杀灭细菌，从而起到预防气传、土传病害的发生的作用。李旭英教授等人进行了研究，发现空间电场能影响植物对 Ca^{2+} 的吸收量和吸收速度；通过调节空间电场强度的增减形式可以调控生理代谢的活动强度，进而预防植物的多种生理病害，例如缺钙引起的多种植物的心腐病与果实的软腐病，并能增强果实硬度、延长收获后的贮藏时间；由于空间电场能提高植物在温度低、光照少环境中的生长能力，并能提高植物的光合作用，增强根系的呼吸作用及吸收营养的能力，从而提高根系的抗病能力，降低植物枯萎病、青枯病发生的概率；另一重要表现便是根系活力要高于普通环境中的作物，根系亮白而发达，抵抗土传病害能力显著提高。不仅如此，空间电场还能调控 CO_2 的吸收速率，将土壤中的非游离态的营养物质转化成游离态的营养物质，通过这种转化能够促进植物生长[18]。不仅如此，空间电场还能够杀灭畜禽舍空气中的多种病菌，分解牲畜和家禽排泄物产生的刺激性气体，达到清洁和环保的作用[19]。

8.5.3 空间电场在温室中的分布规律的研究

研究空间电场防病促生机在温室中所产生的空间电场的分布规律，是设计其安装方案和研究空间电场对漂浮育苗影响的重要依据。其研究内容见附件 3《空间电场在温室中的分布规律的研究》。

8.5.4 温室电除雾防病促生机除雾降湿的试验研究

利用空间电场有效地消除育苗棚内雾气、降低苗棚空气及基质表面湿度、空气微生物等微颗粒，彻底消除育苗棚内环境的闷湿感，建立空气清新的生长环境。其研究内容见附件 4《温室电除雾防病促生机除雾降湿的试验研究》。

8.5.5　温室电除雾防病促生机防病效果的试验研究

漂浮育苗技术的优点是人为能最大限度地控制烟苗生长所需的肥力、温度、水分等环境因子；培育出的烟苗根系发达、生长整齐、壮苗率高；田间卫生条件好，病、虫、杂草对烟苗的危害轻，移栽后烟株生长快，长势整齐，移栽时可节省劳力，加快移栽进度，减少农药污染和肥料用量。虽然漂浮育苗具有以上诸多优点，但随着漂浮育苗连片规模的扩大以及连年的重复使用，漂浮育苗除了较为常见的病毒病害、炭疽病、猝倒病、根腐病、茎腐病和野火病以外，过去在烟草苗期从未见到或很少发生的病害如茎腐病、根腐病、白粉病发生也较为普遍，发病株率和危害程度均有加重的趋势。空间电场自动预防植物病害技术在蔬菜生产领域应用较广，但在烟草漂浮育苗领域确是首次。空间电场对植物气传病害预防效果良好，可以替代杀真菌剂完成植保目标，对气传和土传混合的病害也有预防效果，尤其是空间电场加速苗盘表面水分蒸发从而对土传病害尤其是根区病害预防效果十分有效。空间电场对病毒病的预防效果至今未有相关报道。将空间电场预防病害技术用于漂浮育苗是生产安全型烟草的关键技术实践，对未来烟草育苗技术的发展具有重要的科学价值。

研究确定温室电除雾防病促生机产生的空间电场环境中气传病害的发生种类、程度，确定预防效果。其研究内容见附件 5《温室电除雾防病促生机防病效果的试验研究》。

8.5.6　温室电除雾防病促生机调控烟苗生长的试验研究

通过在大棚内架设的温室电除雾防病促生机产生的空间电场生物效应达到降低大棚及育苗基质表面湿度，增加根系吸收能力、光合作用强度等来促进烟苗的健康生长。在成苗期测定烟苗的主要生长指标，进而确定空间电场环境中促进烟苗生长的效果。其研究内容见附件 6《温室电除雾防病促生机调控烟苗生长的试验研究》。

8.5.7　温室电除雾防病促生机实施规范

8.5.7.1　设备

漂浮育苗温室配置的设备：3DFC 系列温室电除雾防病促生机，优先采用 3DFC－450 型温室电除雾防病促生机。

8.5.7.2　安装

主机（主电源）：依据设施面积大小，按照每 300～450m^2 1 套进行配置 3DFC－450 型温室电除雾防病促生机。主机安装于易于连接电源的地方，并将地线接于棚室钢梁（与大地有良好的电接触）。一个棚室多套主机可选用 1 个控制器控制。

水平电极线的合理布设高度应选在2.0～2.5m，并选用垂线悬挂在水平电极线上，下端距苗盘高度应在1m的位置。每条水平电极线相距应在3～6m。建议水平电极线沿苗厢长度方向的正中央布设为佳，垂线每隔3m悬挂1条。

电极线不得使用非绝缘子吊挂、隔离。电极线距接地构件的最小距离应大于23cm。

8.5.7.3 控制器的使用

采用间歇循环工作方式，优先使用工作15min停歇15min的工作方式。

8.5.7.4 主机与绝缘子的擦洗

每2年擦洗一次绝缘子，如绝缘子吸附物过多（看上去很黑）则需要立刻擦洗。

8.6 根系的空间电场增氧技术的研究

在漂浮育苗设施内，利用温室电除雾防病促生机建立的空间电场可以提高根际环境中的氧气含量。其原理是空间电场中泄漏电流可引起根际水环境的微电解生氧反应。其研究内容见附件7《根系的空间电场增氧技术的研究》。

8.7 静电灭虫灯灭虫技术的研究

对于漂浮育苗地上害虫的防治，常规的方法为黄板、蓝板。现在的方法是在传统的基础上添加了温室专用的具有补光作用的多功能静电灭虫灯弥补黄、蓝板无光诱的缺陷。对于漂浮育苗，重点是预防同翅目蚜科蚜虫传毒危害，利用静电灭虫灯诱杀大棚迁飞害虫，明确静电灭虫灯的安装高度、密度、诱杀害虫的种类和诱杀的效果，检测虫的种类和虫口数，以期明确静电灭虫的应用规范。其研究内容见附件8《静电灭虫灯诱虫技术的研究》。

8.8 静电灭虫灯的实施规范

首先漂浮育苗设施必须有防虫网做通风口的全面围护，并且过渡间门为可关闭，其中防虫网的目数为40目。以面积为1 024m^{2}的育苗室作为标准育苗室，室内共有8个育苗厢，每厢长宽为：长30m、宽3.6m。该标准育苗室内的静电灭虫灯安装方法为：共安装5盏静电灭虫灯，安装位置为4个角落各一盏，正中心一盏，高度为烟苗上方0.5m处。

8.9　农业废弃物燃烧制肥机的应用研究

该机生产的“三态肥”在营养液栽培中可以替代化肥来满足植物生长需求，其使用效果见附件9《农业废弃物燃烧制肥机的肥效研究》。

8.10　NR－3型农业废弃物燃烧制肥机操作规程

农业废弃物燃烧制肥机的操作规程涉及废弃物的选择、机器的操作、“三态肥”的使用方法、热量的再利用等。NR－3型农业废弃物燃烧制肥机外观见图8－1。

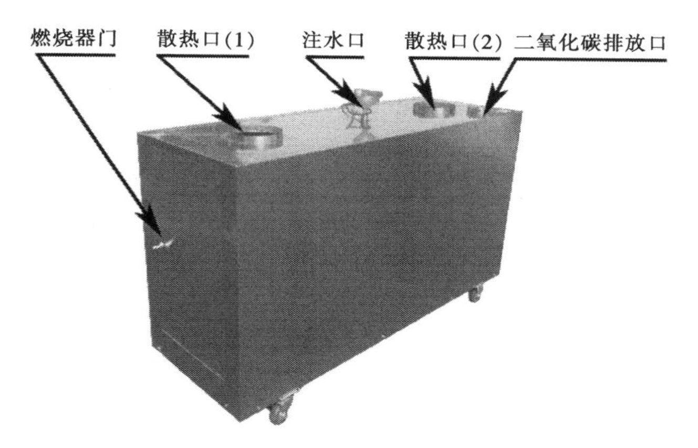

图8－1　NR－3型农业废弃物燃烧制肥机

8.10.1　确定农业废弃物种类

所有植物类废弃物均可制取富有全营养的速效肥。由于农业废弃物种类繁多，主要营养成分和微量元素成分差异巨大，一般禾本科作物的茎秆如水稻秆、玉米秆和杂草的碳氮比都很高，可以达到（60～100）：1，豆科作物的茎秆的碳氮比都较小，如一般豆科绿肥的碳氮比为（15～20）：1。碳氮比大的有机物分解矿化较困难或速度很慢。拉秧后的植物枝叶、秸秆、食用菌培养废料等都可作为常规肥料的制取来源，与豆科植物以及废豆种燃烧形成的肥料相比只是氮硫含量较少罢了。豆科植物秧风干物含氮1.30%～3.18%、磷（P_2O_5）0.51%～0.78%、钾（K_2O）1.01%～1.12%。故在制取肥料时需要综合考虑农业废弃物的混合方式和吸附液的理化指标。农业废弃物的分类以含氮量大小划分，如高氮废弃物、中氮废弃物、贫氮废弃物三大类。

8.10.1.1　**高氮废弃物**

这类农业废弃物通常为含有籽粒的野草、霉变豆粕、霉变大豆、蝗虫等昆虫、动物尸体。除了含有丰富的钾、镁以及微量元素以外，还含有大量的氮、硫、磷等营养物质，其燃烧后的烟气经电吸附于水中形成的肥料水肥效甚好，其中，干物质含氮量均在3%以上，尤以废大豆的燃烧物肥效为最佳，其特点是燃烧后会有大量的含氮物质随烟气通过电吸附进入水中，进而形成富氮母液，如结合灰分则为全价速效肥。

8.10.1.2　**中氮废弃物**

这类农业废弃物通常为豆科植物秧秆，如豆秸含氮1.30%～3.18%。

8.10.1.3　**贫氮废弃物**

这类农业废弃物通常为小麦、水稻、玉米、薯类、油料、棉花、甘蔗、废菌棒、各种果实的皮壳等，如麦秸为0.50%～0.67%、稻草为0.63%～0.11%、玉米秸为0.48%～0.50%、油菜秸为0.56%～0.25%。

8.10.2　**使用方法**

8.10.2.1　**整机的水平调整**

本机以水作为吸附电极，为保证放电电极与水剂吸附电极的极间距均一，整机在使用前需要调平。

本机的调平采用3只23cm水平尺。2只沿机器长度方向分别置放在机器两端，另一只沿机器宽度中央部位置放。

8.10.2.2　**加水**

本机以水作为吸附电极，内置的2个吸附箱盛水2×75L水，从图8-1所示的“注水口”加注至机器底部溢流为止。

8.10.2.3　**加料**

将选定的农业废弃物由图8-2燃烧器部位的“炉门”填入。填入的废弃物含水率应低于30%。加入量可到炉口为止或低于炉口。

图8-2　燃烧器部位

8.10.2.4　启动运行

首先启动总电源，如图 8－3 所示的“总开关”，其次启动“电燃烧开关”，再启动“风机”开关，最后启动“电吸附开关”。在启动“电吸附开关”后，应调节两个静电电源，见图 8－4。

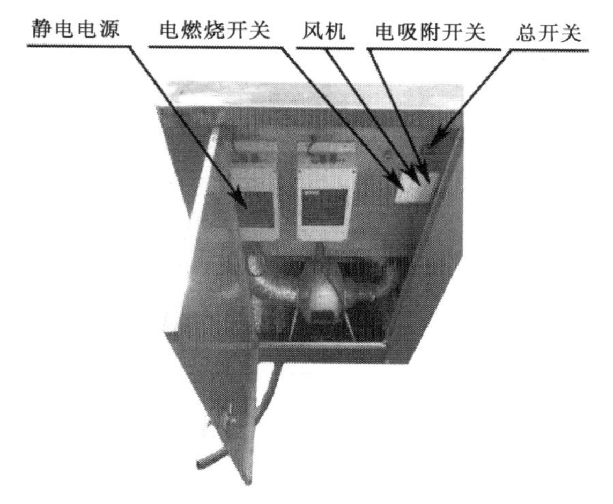

图 8－3　电源启动部分

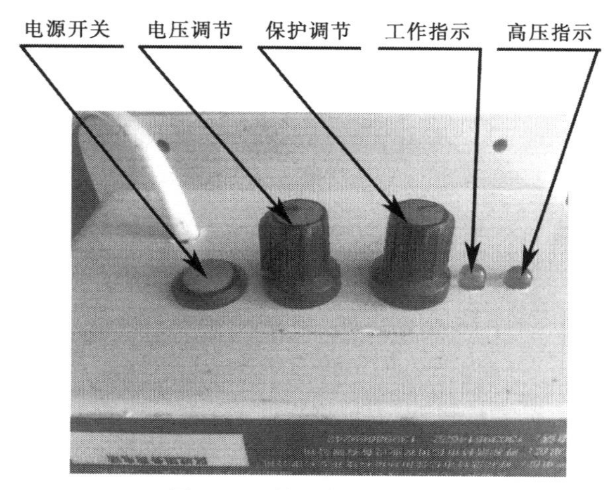

图 8－4　静电电源的调节

“电燃烧开关”启动后，炉体内的两根电燃烧棒开始发热并直至农业废弃物的燃点，当炉体内炉温达到一定温度后，炉体外侧安装的温度开关切断电源，炉体内废弃物进入自行燃烧阶段。

静电电源调节方法：按下电源开关，顺时针调节“电压调节”钮至最大，然后再调节“保护调节”至“高压指示”红灯不再闪烁而持续发光为止。此时可听到机内两个电液吸附箱内发出“刷刷”的响声。

8.10.2.5 “三态肥”的获取

“三态肥”包括草木灰（灰分）、烟气液体肥、二氧化碳气肥三部分。

(1) 草木灰的收取

由图 8 - 2 的“灰斗”倒取。

(2) 烟气液体肥的收取

通常燃烧农业废弃物 10kg 以上（含水率低于 30%）就可拧开图 8 - 5 所示的“液体肥释放阀”，用盆收集烟气液体肥（注意：机器放液肥处需要下挖一深 35cm 的深槽供放收集桶）。

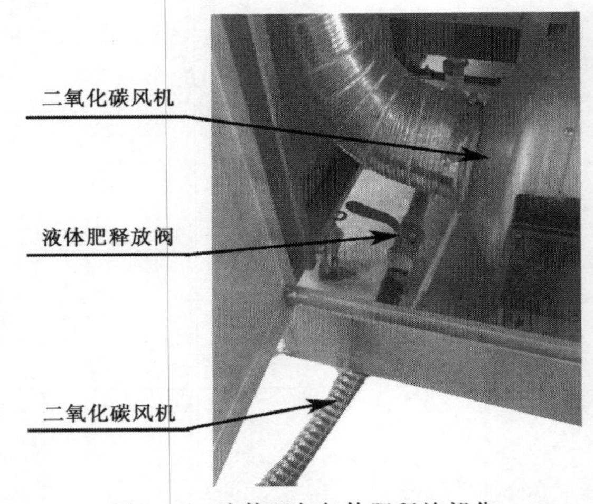

图 8 - 5　液体肥与气体肥释放部分

烟气液体肥的收检指标是比重、酸度（pH）、电导率（EC）。其中，检测仪器为型号为 1.0 - 1.1 的比重计、SX - 620pH 计、电导率测量范围为 0～50.0μS/cm 的 SX650 笔式电导率计。烟气液体肥按照比重、酸度、电导率三值可以大致划分为直接使用的“直用型原液肥”、需要用水稀释的“浓缩型原液肥”两大类。其划分标准可由表 8 - 1 粗略界定。

表 8 - 1　烟气液体肥原液标准

肥型	比重（g/cm^3）	pH	EC（μS/cm）
直用型	1.0～1.05	6.5～7.5	50～1 000
浓缩型	＞1.05	＜6.5	1 000～30 000

(3) 二氧化碳的利用

由图 8 - 1 中“二氧化碳排放口”排出的为包含二氧化碳的较为洁净的气

体，这一气体既可排入大气又可作为二氧化碳供给温室使用。气体排放满足相关环保要求。

该机二氧化碳的使用方法为每栋 667m^2 温室每周供气一次，每次供气 15min 即可或室内二氧化碳浓度不超过 8 000mg/kg。

8.10.2.6　**热量的利用**

图 8－1 中“散热口（1）”“散热口（2）”可接直径为 110mm 的散热管而将热量引入温室内。其产热量随农业废弃物种类和干燥程度、数量而定，实际生产中可根据需要制订加温方案。

8.11　物理防治技术集成防治病虫害与促生的研究

漂浮育苗病虫害物理防治技术的集成是将育苗物质的灭菌消毒、育苗期烟苗的物理植保技术，设施门窗生物隔离相结合的物理植保集合模式。漂浮育苗病虫害物理防治技术集合是用于替代农药的植保体系，是解决烟草农残、安全问题的技术试验与示范，也是烟草生产创新体系建设的重要一环。漂浮育苗病虫害物理防治技术集合的研究与应用，将推动现代烟草农业向优质、特色、高效、生态、安全发展。其研究内容见附件 10《漂浮育苗病虫害物理防治集成技术研究与应用》。

8.12　漂浮育苗病虫害物理防治集成技术规范

漂浮育苗设施病虫害物理防治集成技术支撑包括用于苗盘消毒的 3DH－280/36 型水体电灭虫消毒机、剪叶物理消毒装置的剪叶机、3DFC－450 型温室电除雾防病促生机、3DJ－200 型多功能静电灭虫灯、带电育苗设施、农业废弃物燃烧制肥机、物理植保液。

3DH－280/36 型水体电灭虫消毒机的操作按照本章 8.2 节“营养液与苗盘的电灭菌消毒技术及实施规范”执行；剪叶物理消毒装置的剪叶机的操作按照本章 8.4 节“剪叶物理消毒技术及实施规范”执行；3DFC－450 型温室电除雾防病促生机的操作按照本章 8.5.7 节“温室电除雾防病促生机实施规范”执行；3DJ－200 型多功能静电灭虫灯的操作按照本章 8.8 节“静电灭虫灯的实施规范”执行。

8.13　带电育苗方法的试验研究

利用双层带电育苗技术设施开展了烤烟烟苗的生长和病虫害防治试验，拟确定带电苗的成苗时间和病虫害的预防效果。其研究内容见附件11《带电育苗方法的试验研究》。

8.14 带电育苗设施的实施规范

本规范规定了带电育苗设施的安装、操作和安全注意事项。

8.14.1 关键设备与配套设施

由带电育苗本体、肥料供应及营养液理化参数控制、辅助防虫的土壤电灭虫机和物理植保液。

8.14.1.1 带电育苗本体

由基架、支撑绝缘子、双层育苗槽、吸虫架、底层补光灯及DZ-20型带电育苗静电发生器构成。基架应设置在坚实的地面上，且应保持水平。几何尺寸为3 000mm×2 990mm×2 729mm的底层育苗槽上方设置三盏120W的LED灯。吸虫架应为上下可调的，且平面距烟苗叶顶距离不得大于30cm。

8.14.1.2 肥料供应及营养液理化参数控制

肥料供应有两种选择：传统营养液配方配置的肥料；农业废弃物燃烧制肥机制取的“三态肥”，即草木灰、烟气液体肥、二氧化碳。“三态肥”的配制方式按照“NR-3型农业废弃物燃烧制肥机操作规程”执行。

营养液理化参数控制：当采用“烟气液体肥+草木灰”混合肥时，按照“NR-3型农业废弃物燃烧制肥机操作规程”采用比重计、pH计及EC计测定调整肥料的理化指标。

8.14.1.3 辅助植保设施

在采用陶粒育苗或纯营养液育苗时，有时会感染基质或水媒害虫，配置3DT-8型土壤电灭虫机可以有效解决这一问题。

因烟苗内部存在着静电屏蔽问题，停电期感染的虫害会逃避电力的趋避作用，于是就需要配置物理植保液杀灭害虫，如蚜虫等。

8.14.2 静电发生器的使用

在日常生产中，DZ-20型带电育苗静电发生器应保持恒定工作状态。

8.14.3 补光照明

补光时间定为每日9：30至12：00、13：00至15：30。

8.14.4 安全操作注意事项

在检查烟苗生长情况时，应关掉静电发生器，并使用连接于基架的“短路电缆”与带电育苗槽溶液触碰放掉余电。

参考文献

[1] 刘滨疆，雍红波．国内外物理农业的发展趋势[J]．农业技术装备，2010

(5)：32－33.
[2] 胡伟，宋樱．我国现代物理农业的应用与发展［J］．农机科技推广，2010 (6)：9－12.
[3] 刘滨疆．现代物理农业模式及其应用［J］．农业技术与装备，2010 (5)：19－21.
[4] 阎立辉，付国蔚，张春艳．静电处理甜菜种子试验［J］．中国甜菜糖业，2003 (1)：56.
[5] 孙铁雷，王顺喜．静电技术在农业工程中的应用［J］．农机化研究，2006 (9)：183－186.
[6] 樊淑德．用静电技术增加扁桃授粉［J］．湖北林业技术，2003 (1)：55－58.
[7] 柯小民．电除尘器收集困难煤种粉尘试验研究［D］．北京：华北电力大学，2007.
[8] 吴东明．静电除雾在三氧化硫磺化尾气处理中的应用［J］．轻工机械，2001 (4)：27－29.
[9] 闫君．湿式静电除雾器脱除烟气中酸雾的试验研究［D］．济南：山东大学，2010.
[10] NEDOVIĆ V A，OBRADOVIĆ B，LESKOŠEK-ČUKALOVIĆ I，et al. Electrostatic generation of alginate microbeads loaded with brewing yeast［J］. Process Biochemistry，2001，37 (1)：17－22.
[11] 吴连连，李新建．高压静电场保鲜技术的研究现状［J］．现代农业科技，2007 (3)：123－124.
[12] 孙贵宝，刘铁玲，路涉．高压静电场处理磨盘柿贮藏保鲜的试验研究［J］．农机化研究，2007 (6)：108－110.
[13] 孙贵宝，刘铁玲，梁鹏，等．高压静电场处理对青椒鲜度保持的影响［J］．农机化研究，2007 (3)：134－135.
[14] 丁昌江，卢静莉．牛肉在高压静电场作用下的干燥特性［J］．高电压技术，2008，34 (7)：1405－1409.
[15] RAMI JUMAH，SAMEER ALASHEH，FAWZI BANAT，et al. Electroosmotic dewatering of tomato paste suspension under AC electric field［J］. Drying Technology，2005，27 (23)：1465－1475.
[16] 郝宪孝，崔宝欣，王本军，等．静电生物效应及其在医疗保健中的应用［J］．烟台师范学院学报（自然科学版），1995 (1)：68－71.
[17] 刘滨疆，季庆瑞．空间电场防病促生技术的应用［J］．农村工程技术（温室园艺），2003 (4)：28－29.
[18] 李旭英，刘滨疆，雍红波，等．空间电场调控植物体内 Ca^{2+} 量的试验研究［J］．农机化研究，2006 (4)：143－145.
[19] 徐鑫，卢真真，刘继军，等．自动防疫系统对冬季鸡舍空间净化的效果［J］．农业工程学报，2010，26 (5)：263－268.

附件 1

温室育苗盘的消毒方法研究

摘要：采用湿式水体电消毒系统、干式臭氧消毒机、高温密封房、水洗等措施实施了漂浮育苗苗盘、蔬菜育苗苗盘的灭菌消毒试验，并对蔬菜育苗盘携带的植物生长抑制物酚类物质进行了消解试验。试验结果表明，湿式水体电消毒系统灭菌消毒的效果最好，当槽内水体按照每立方米投放强化剂氯化钾 1.2kg 时且槽内电解液温度达到 25℃以后，其对真菌、细菌的灭杀率超过 80%，而且消解酚类物质的效果也最好。密封房臭氧处理苗盘的效果优于高温处理，也优于消毒池化学消毒剂的处理方式。并通过试验确定了现实所用的消毒池化学消毒方式以及操作方式几乎对烤烟育苗盘的细菌、真菌灭杀无效。由此指出了建立育苗工场水体电消毒系统是必要的，并强调了消毒后水洗除氯的必要性。

关键词：烤烟育苗盘　育苗盘　灭菌消毒　电解液　臭氧　化学消毒剂　酚

0　引言

伴随着循环经济的发展，烟草育苗、蔬菜育苗、各种盆栽植物广泛使用的盆钵也就自然而然地成为农业企业践行首选目标物。植物育苗和栽培用盘钵通常为聚乙烯、聚苯乙烯和工程塑料等高分子材料，很多种类耐紫外线，自然环境中使用的寿命较长，可重复使用多次。然而，育苗栽植盘钵的反复使用通常会带来苗期的诸多病害，如猝倒病、基腐病、根腐病、炭疽病等，甚至病毒病，其造成的经济损失随着育苗规模增大而增大，因而，育苗栽植盘钵的消毒继种子消毒[1]之后成为育苗工序另一不可或缺的环节。

苗盘的再使用首先要对苗盘进行消毒处理，处理效果需要通过微生物检测确定。在实际生产中，苗盘的消毒有多种方法，譬如在育苗室建立消毒池，使用二氧化氯、次氯酸钠、高锰酸钾、福尔马林等化学消毒剂进行苗盘消毒，也有使用高温闷棚消毒的，人们更多的是希望物理的消毒方法或是没有残留的物理化学消毒法[2-5]。

本文就育苗栽植盘钵的化学消毒、物理消毒和物理化学消毒效果进行了研究比较，并对残留物和生长抑制物进行了痕迹分析，以此给出了能够有效解决盘钵消毒问题的技术评价，并结合实际生产，讨论了物理化学法消毒的操作规程。

1　材料与方法

1.1　试验材料

漂浮育苗盘（简称漂盘）、育苗穴盘、次氯酸钠及消毒槽。

1.2　仪器设备

水体电消毒机（电处理槽+氯化钾）、臭氧机（空气作为原料）、热风机、密封房、温度计、酒精灯、平皿、解剖刀、取样瓶、镊子等。

1.3　试验方法

1.3.1　漂盘带菌率测定

取样和细菌、真菌数量检测由专业机构完成，其中，将漂盘消毒前后按重量取样，取样时，解剖刀要经酒精灯火焰消毒，取样后放置事先准备好的平皿内并做密封。

1.3.2　试验设置与操作要点

（1）化学消毒剂设置：修建一个3m×3m、深25cm的消毒池，二氧化氯粉剂500倍液配置消毒液。漂盘完全浸入消毒液半分钟后方可拿出检测。实际消毒盘效率为4盘/min [4人同时操作，相当于1盘/（min·人）]。

（2）臭氧消毒房设置：修建一个3m×3m×3m的密闭房，使用臭氧产率为6g/h的3DC-660型温室病害臭氧防治机，漂盘放置货架上，上下皆有空隙。臭氧供应5min，实际消毒效率为24盘/min。

（3）高温消毒的设置：利用上述密闭房，加温至60℃并保持30min，实际消毒效率为4盘/min。

（4）水体电消毒的设置：利用3DH-280/36型水体电灭虫消毒机和苗盘电消毒槽、强化剂氯化钾、水组成的漂盘消毒系统对苗盘浸蘸消毒。电消毒槽1.2m×0.6m×0.5m，强化剂氯化钾投入500g（每立方米水体放置1.2kg氯化钾），电启动15min后开始浸蘸漂盘，4盘/min [4人同时操作，相当于1盘/（min·人）]。温度设置为原水温度（贮水池水体温度）、15℃、25℃、35℃、45℃5个温度水平，其中后4组选定的漂洗速度为1/5s。

1.3.3　盘钵总酚量的测定

取试验、对照组苗盘进行干式臭氧处理、水体电消毒、清水漂洗三种方式的消酚试验，每种方式取3个苗盘，包括对照组共12个苗盘。

取样方法为：在苗盘内表面选取25cm²，使用蘸湿的棉球 [蘸液为10mL无水乙醇与2mL、10%三氯乙酸（TCA）的混合液] 擦拭选定区域，然后将黏附有苗盘泥土的棉球投入混合液中浸提40min，离心，吸取1mL上清液加入5mL斐林（Folin）试剂甲，反应10min，再加入0.5mL斐林试剂乙，反应30min，离心，测OD_{500}，以1mL蒸馏水做空白，以没食子酸做标准曲线。

2　单因素试验结果与分析

2.1　细菌、真菌总数的测定

按照固体表面微生物的取样培养检测程序，对4种育苗栽植盘钵消毒前后的微生物总数进行计数。

2.1.1 化学消毒剂、水体电消毒的比较

(1) 贮水池水体原水做溶剂（溶剂温度与环境相近）

化学消毒剂、水体电消毒为湿润性消毒方式，该类方式易于将盘钵表面的固体污染物溶解掉，故利于灭菌消毒。表1为采用化学消毒剂、水体电消毒漂浮苗盘前后的细菌、真菌总数测定值。表2为水体电消毒池液体随通电时间的不同，其内微生物浓度的变化数值。

表1 烤烟育苗漂盘化学消毒剂与水体电消毒前后的细菌和真菌总数测定值

消毒前样本编号	细菌总数（cfu/g）	真菌总数（cfu/g）	消毒后样本编号	细菌总数（cfu/g）	真菌总数（cfu/g）
1#盘	1.1×10^4	40	1#盘电消毒	3.2×10^3	9
2#盘	1.2×10^4	150	2#盘电消毒	3.6×10^3	25
3#盘	1.2×10^4	162	3#盘电消毒	2.9×10^3	33
4#盘	8.7×10^3	54	4#盘电消毒	2.5×10^3	17
5#盘	1.4×10^4	131	5#盘电消毒	3.7×10^3	43
6#盘	1.1×10^4	143	6#盘电消毒	3.5×10^3	52
7#盘	9.4×10^3	72	7#盘电消毒	5.6×10^3	41
8#盘	8.8×10^3	88	8#盘电消毒	7.2×10^3	42
9#盘	1.7×10^4	143	9#盘电消毒	9.7×10^3	77
10#盘	1.1×10^4	139	10#盘化学消毒	9.5×10^3	121
11#盘	1.3×10^4	95	11#盘化学消毒	1.2×10^4	105
12#盘	9.1×10^3	120	12#盘化学消毒	8.8×10^3	99

注：电消毒液温11.5℃，化学消毒池液温：11℃。

由表1可知，在两种液体接近池水环境温度时，在4盘/min的相同处理苗盘能力的基础上，利用水体电消毒系统对烤烟育苗漂盘进行消毒处理的效果远远优于化学消毒池的处理效果。在液体温度为11.5℃时，水体电消毒对细菌的灭菌率平均为73%，对真菌的灭菌率平均为60%。在液体温度为11℃时，常规化学消毒池对漂浮苗盘所带细菌的灭菌率平均为8.5%，对真菌的灭菌率平均仅为8.2%。

通过对表1的分析，水体电消毒系统对漂盘的灭菌消毒效果远远优于化学消毒池的处理效果，另一方面，此试验也揭示了利用常规的化学消毒池处理苗盘的模式几乎无效，其原因既与工人操作苗盘的浸泡时间有关，也和消毒液的种类有关。

由表1结果还可以看出，现有的消毒池漂洗苗盘工序接近于无效，其原因和漂洗时间和浓度有极大关系，因此，利用化学消毒池消毒苗盘仍需要制定合理的消毒规则，否则将流于形式，给实际生产带来损失。

表 2　水体电消毒池液体微生物浓度随通电时间的变化数值

样本编号	电解液生成时间（min）	细菌总数（cfu/g）	真菌总数（cfu/g）
1#	0	7.7×10^3	68
2#	5	4.2×10^3	23
3#	10	125	0
4#	15	3	0

由表 2 可知，水体电消毒槽中液体的消毒力随通电时间的增加而增加，通电 15min 的电解液中细菌灭菌率为 99.9%、真菌灭菌率为 100%。而通电 5min 的电解液液体细菌灭菌率为 45%，真菌灭菌率为 66%。因此，为了提高水体电消毒池的灭菌效率，第一次通电的时间应该达到 10min 以上方可获取强效消毒液。

（2）电解液不同温度时的灭菌效果测定

电解液的加温是通过电解液生成过程自然产生的热量完成的，时间越长温度越高。温度越高，苗盘上附着物越容易溶解掉，其上的微生物越容易被消灭。表 3、表 4 分别为不同温度的电解液灭菌消毒的测定结果。

表 3　湿式水体电消毒系统液温对真菌灭活效果的测定（cfu/g）

样本编号	15℃		25℃		35℃		45℃	
	漂前	漂后	漂前	漂后	漂前	漂后	漂前	漂后
1#	170	18	95	17	108	12	134	5
2#	132	36	155	33	95	8	125	3
3#	160	36	143	21	159	23	82	2
4#	94	25	137	16	141	19	188	2

注：漂洗速度为 1 盘/5s

由表 3 可以看出，液温在 15℃、25℃、35℃、45℃时的电解液平均真菌灭菌率分别为 74.8%、83.6%、87.7%、97.2%。因此，只要将液温调节到 25℃以上，真菌消除率就会显著上升。

表 4　湿式水体电消毒系统液温对细菌灭活效果的测定（cfu/g）

样本编号	15℃		25℃		35℃		45℃	
	漂前	漂后	漂前	漂后	漂前	漂后	漂前	漂后
1#	1.3×10^4	2.8×10^3	1.2×10^4	1.6×10^3	1.1×10^4	1.0×10^3	1.2×10^4	2.5×10^2
2#	1.2×10^4	4.6×10^3	1.3×10^4	1.6×10^3	9.5×10^3	6.5×10^2	1.2×10^4	4.2×10^2
3#	1.3×10^4	2.5×10^3	1.3×10^4	2.2×10^3	1.2×10^4	1.4×10^3	1.1×10^4	2.2×10^2
4#	8.8×10^3	1.1×10^3	1.2×10^4	1.7×10^3	1.2×10^4	1.4×10^3	1.2×10^4	3.5×10^2

由表4可知，液温在15℃、25℃、35℃、45℃时的电解液平均细菌灭菌率分别为76.5%、85.8%、90.0%、97.4%。因此，只要将液温调节到25℃以上，细菌消除率也会显著上升。

2.1.2 臭氧、高温消毒的比较

在密闭室内，通过臭氧、高温消毒方式处理苗盘（聚苯乙烯泡沫箱）的对比试验可以获取最佳的干式灭菌消毒。苗盘微生物采样采用定面积擦拭方式，其测试结果见表5。

表5 育苗盘臭氧、高温消毒前后的微生物检测结果

消毒前样本编号	细菌总数（cfu/g）	真菌总数（cfu/g）	消毒后样本编号	细菌总数（cfu/g）	真菌总数（cfu/g）
1#	7.4×10^3	140	1#臭氧处理	4.3×10^3	90
2#	8.5×10^3	220	2#臭氧处理	3.6×10^3	90
3#	9.7×10^3	240	3#臭氧处理	7.3×10^3	140
4#	2.3×10^4	170	4#臭氧处理	7.2×10^3	110
5#	4.6×10^3	138	5#高温处理	1.8×10^3	125
6#	9.3×10^3	185	6#高温处理	6.4×10^3	163
7#	6.6×10^3	97	7#高温处理	2.8×10^3	98

由表5可知，在密闭室里使用臭氧进行旧苗盘的灭菌消毒，其细菌的平均灭菌率为54%，真菌平均灭菌率为44%。而在密闭室里利用60℃高温进行旧苗盘的灭菌消毒，其细菌的平均灭菌率为45.8%，真菌平均灭菌率为8%。

由表5分析可知，采用60℃高温处理30min并不能达到苗盘灭菌消毒的目的，而且对真菌的灭杀效果不理想。而利用臭氧进行苗盘的灭菌消毒效果也并不像设想得那样高，但从灭菌率一点考虑，臭氧处理苗盘的效果远不如水体电消毒的处理效果，其原因在于苗盘的污染物多为固体的泥块、泥斑，臭氧气体无法深入泥斑内部，故其灭菌率要低于具有溶解泥斑的水体电消毒方式。

值得一提的是，聚苯乙烯发泡盘经臭氧长期处理后表面呈现粉末化，而且用于密封房的橡胶老化迅速，软质的橡胶会变硬发脆并易碎化，用于密封房加热的线缆橡胶护套受臭氧氧化而老化得更快，甚至可能导致短路。因而，臭氧用于聚苯乙烯发泡箱的灭菌消毒仍需深入研究，不可想当然使用该法。

2.2 生长抑制物的痕迹检测

对于重复使用的育苗盆钵，每期育苗时植物根系分泌的酚酸物质会积累在盘钵上，当其含量足够多的时候便会抑制秧苗的生长，其结果就是秧苗生长缓慢，苗期病害多发。表6为对照样品与三种消酚方式试验样品的酚含量的检测平均值。

表 6　不同处理的苗盘总酚含量的测定

处理	CK	臭氧（空气为原料）	氯化钾电解液（电消毒系统）	清水漂洗
$25cm^2$ 酚含量（mg）	0.23	0.14	0.04	0.12

由表 6 所示测量数据可以看出，经水体电消毒系统处理的苗盘，其总酚含量可下降 82.6%，臭氧处理的苗盘为 39.1%，清水漂洗为 47.8%。按消酚能力的大小排列为：

电解液（湿法）＞清水（湿法）＞臭氧（干法）

水体电消毒系统产生的电解液消酚能力强与电解液强烈的溶解力和氧化性有直接关系，但因电解液是氯化钾溶液电解产生的，故其会在苗盘表面残留较多的氯离子（烟草属于忌氯作物），因此，电解液处理后的苗盘还应使用清水漂洗才可用于忌氯作物的育苗。

3　结论

对于烤烟漂浮育苗盘的灭菌消毒：在处理效率［1 盘/（人・min)］相同的条件下，水体电消毒系统（强化剂氯化钾按照每立方米水体投放 1.2kg 标准投放）的电解液消毒能力远远大于消毒池内化学消毒剂溶液。电解液消毒能力在一定时间范围内随通电时间和温度而增强，其中在电解液温度达到 25℃以上时，即使在漂洗苗盘速度达到 1 盘/5s 时，其对真菌、细菌的灭杀效率均可超过 80%以上。因此，建议采用水体电消毒技术处理时待液温升至 25℃以上时再行操作。

常用的化学消毒方式因操作方式、浸水时间、浓度的不同，灭菌消毒效果差异很大，目前的浸盘消毒规程［1 盘/（人・min)］对苗盘的灭菌消毒几乎无效，建议增加浸泡时间和消毒剂浓度。

高温热力、臭氧气体对苗盘具有灭菌消毒能力，但远低于水体电消毒，虽然臭氧消毒速率快，但因其对苗盘本身也有强烈的氧化作用，特别是容易造成聚苯乙烯发泡苗盘的细末化（风化现象）而慎重使用。

水体电消毒的苗盘消酚效果优于清水、清水优于臭氧。忌氯作物的育苗盘经水体电消毒处理后需要使用清水冲洗以消除氯离子的副作用。

参考文献

［1］华致甫，袁美丽，高洁，等．烟草种子消毒方法的研究［J］．吉林农业大学学报，1995（4)：7－11.

［2］李成军，王海涛，陈玉国，等．烟草漂浮育苗盘消毒药剂的筛选研究［J］．河南农业科学，2012，41（5)：50－52.

［3］邹青云．烟草漂浮育苗旧苗盘与育苗用水消毒试验总结［J］．湖南农业科学，2009

(3)：31-32.
[4] 陈怀玉．臭氧消毒效果研究［J］．华南预防医学，1996（2）：17-19.
[5] 刘勇，布云红，冯柱安．苗盘上残存消毒剂对种子出苗及烟苗生长的影响［J］．烟草科技，2008（7）：56-59.

附件 2

漂浮育苗剪叶物理消毒装置灭菌试验研究

摘要： 本文针对剪叶刀具、剪叶苗的微生物总量、烟苗带毒率将物理消毒剪叶法与常规剪叶做了对比检测。检测结果表明：采用物理消毒装置的剪叶刀具细菌总数下降了 81.3%，真菌数下降了 47.4%；物理消毒装置作用的剪叶样品灰霉病菌数量随样品滞留时间快速增长，在 30min 内检测结果为灰霉病菌下降了 66.7%；空间电场可以预防剪叶带来的烟苗微生物感染；物理消毒装置对云烟 97、南江 3 号烟草普通花叶病毒灭活有效，带毒率降低 50%～66.7%。

关键词： 剪叶机　原子氧　臭氧　漂浮育苗　烟草病毒　灰霉病

0　引言

剪叶是烤烟育苗不可缺少的环节，通过剪叶改善烟苗光照状况，能够控制地上部分叶片的生长，促进地下部根系和主茎的发育，进而达到促小控大，促使烟苗均衡生长的目标。然而，漂浮育苗期间通常需要剪 4～5 次，剪苗的过程是病毒病和其他病害快速传播的主要方式，特别是病毒病导致部分烟苗移栽后烤烟在大田期病害发病率高，而且又由于病毒病在大田发生后，尚没有较好的防治药剂，而现有抗病毒药剂仅能起到抑制作用，所以只有在苗期做好防控工作，充分发挥漂浮育苗的优势，培育出无病适龄壮苗，同时在大田期加强预防工作，才能有效控制病害的发生，保证烟农的种烟收益。

1　材料与方法

1.1　供试烤烟品种

烤烟品种：云烟 97、江南 3 号。

1.2　供试仪器设备

装载剪叶物理消毒装置（也称原子氧喷系统）的剪叶机。剪叶物理消毒装置的等离子体（等价臭氧）产率为 3g/h。

1.3　供试烟苗

按照漂浮育苗技术方法，在桐梓县烟草分公司九坝育苗工场（1 024m²/栋、8 厢/栋、30m×3.6m/厢）。选择的烟苗苗龄应在 45d 左右，且烟苗生长正常，株高基本一致，在茎基部、叶柄和叶片上无其他明显病害发生危害的症状。

1.4　试验方法

剪叶刀带菌率测定取样和细菌、真菌数量检测由专业机构完成。在启动剪叶物理消毒装置前后通过取样剪（取样剪要经酒精灯火焰消毒）取样。

检测前，使用未启动装载有剪叶物理消毒装置的剪叶机取4盘苗样作对照组，并启动原子氧喷系统后剪叶机剪叶的苗盘4盘为处理组。然后再用取样剪每组剪取两盘作为重复Ⅰ、重复Ⅱ，剪样时需要自苗的剪叶切口顶部往下3～5mm部分作为剪叶秧苗的受检样品。受检样品放置事先准备好的平皿内并做密封。

1.4.1 检测剪叶刀上微生物总量的采样

按照固体表面微生物的取样培养检测程序，对启动剪叶物理消毒装置前后的剪叶刀表面微生物总数进行计数，取样各重复3次。在启动剪叶物理消毒装置前后通过抹拭法取样，取样后在剪刀整体表面使用蘸湿的棉球（蘸液为10mL无水乙醇与2mL、10%TCA的混合液）擦拭刀口、刀背区域，然后将黏附有剪刀表面植物组织和污物的棉球投入混合液中浸提40min，离心，吸取1mL上清液加入5mL Folin试剂甲，反应10min，再加入0.5mL Folin试剂乙，反应30min，离心，测OD_{500}，以1mL蒸馏水做空白，以没食子酸做标准曲线。结果填入表1。

1.4.2 剪叶秧苗的采样

保湿培养及镜检：用75%酒精表面消毒后，置于无菌培养皿中在28℃下恒温保湿培养24h，然后取病健交界组织制片、镜检。

灰霉病和炭疽病病原检测：参照《植物病原真菌学》进行检测。启动前后，对照和试验组每4盘样本苗各取两盘烟苗，剪其秧苗切口往下2～3mm并混合封装为重复Ⅰ、重复Ⅱ，2h内进入检测状态。检测时从重复Ⅰ、重复Ⅱ样品中各取5g，分别加入100mL无菌水中，用匀浆机匀浆，稀释10倍和100倍，分别取原液、10倍稀释液和100倍稀释液100μL在马丁培养基上进行涂布。然后在28℃恒温培养72～96h后镜检，取合适浓度的平板对灰霉菌和炭疽菌菌落进行计数，并计算以上2种病原菌的带菌量。结果填入表2、表3。

病毒病检测：采用Agdia公司的ELISA试剂盒，从每组中的重复Ⅰ、重复Ⅱ随机各取15g取苗碎样进行检测，具体检测方法参照试剂盒说明书进行。结果填入表6、表7。

1.4.3 滞留时间对样品灰霉病菌扩散速度的影响调查

为了确定臭氧对叶片造成损伤后真菌病害发生发展的程度，将启动物理消毒装置前后采获的样品封装后分别放置30、120、360min再行检测灰霉病菌的滋生速度。结果填入表4。

1.4.4 剪叶后苗生长过程中灰霉病发生情况的调查

原子氧和臭氧用于剪叶刀的灭菌消毒关键在浓度，浓度高了虽然灭菌消毒效果好，但也会造成叶片组织的氧化性损伤，这种损伤很可能会为以后的霉菌繁殖提供适宜的生活条件，进而造成病害的繁衍。本调查是确定剪叶后霉菌

（灰霉病菌）在空间电场环境中的存在发展状况。

调查采样方法如下：每栋漂浮育苗设施按照图1抽检8厢，每厢按照图2进行5点取样，取样数量为每点3盘（10×16株/盘），每厢共15盘，计算发病盘数。其中奇数厢号1、3、5、7为未启动物理消毒装置剪叶的对照（CK）组，2、4、6、8偶数为启动物理消毒装置剪叶的处理组。

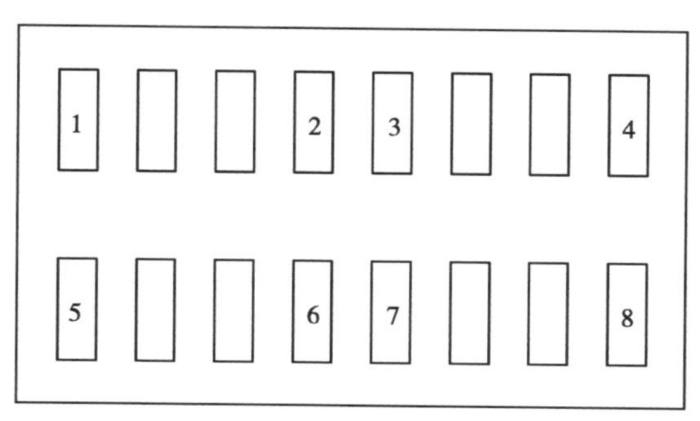

图1　启动物理消毒装置前后剪叶苗厢（池）编号图

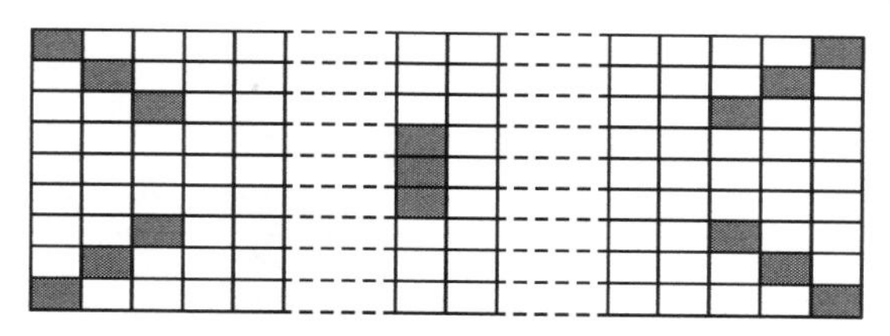

图2　每个苗厢（池）的5点采样编号图

全盘性病害调查对象：气传病害，只要有一盘1/2面积感病就视为全盘性病害。调查以盘为单位的发病率，见下式。结果填入表5。

$$发病率=（感病盘数/调查总盘数）\times 100\%$$

2　试验结果与分析

2.1　原子氧喷对剪叶刀上微生物总量的防控效果

按照前述1.4.1“检测剪叶刀上微生物总量的采样”所述方法取得的样品进行细菌总数和真菌总数测定，其结果见表1。

表1　启动剪叶物理消毒装置前后刀片的细菌和真菌总数测定值

启动前样本编号	细菌总数（cfu/g）	真菌总数（cfu/g）	启动后样本编号	细菌总数（cfu/g）	真菌总数（cfu/g）
重复Ⅰ	7.1×10^3	320	重复Ⅰ	8.7×10^2	200
重复Ⅱ	3.8×10^3	260	重复Ⅱ	7.3×10^2	100
重复Ⅲ	2.2×10^3	200	重复Ⅲ	5.6×10^2	110

由表 1 数据可得，启动剪叶物理消毒装置前后刀片的细菌和真菌总数相差较大，其中细菌数平均下降了 81.3%，真菌数下降了 47.4%。

2.2 原子氧喷对真菌病原菌的防控效果

各处理和对照样品中未检测到炭疽病原菌（*Colletotrichum* sp.）。处理 1（剪叶）和对照 1（剪叶）灰霉病菌的带菌量为 4 333.33 cfu/g 和 4 000.00 cfu/g，两者之间无显著性差异（p=0.879 0）（表 2）。处理 2 和对照 2 灰霉病菌的带菌量为 2 333.33cfu/g 和 4 666.67cfu/g，两者之间无显著性差异（p=0.277 1）（表 3）。

表 2 样品中真菌带菌量检测结果（样品滞留时间：＞24h）

处理名称		病原菌名称	带菌量（cfu/g）						
			重复Ⅰ			重复Ⅱ			平均
处理 1	云烟 97	灰霉病菌	4 000	8 000	2 000	2 000	6 000	4 000	4 333.33
		炭疽病菌	0	0	0	0	0	0	0
对照 1（CK）		灰霉病菌	6 000	4 000	2 000	2 000	6 000	4 000	4 000.00
		炭疽病菌	0	0	0	0	0	0	0

表 3 样品中真菌带菌量检测结果（样品滞留时间：＞24h）

处理名称		病原菌名称	带菌量（cfu/g）						
			重复Ⅰ			重复Ⅱ			平均
处理 1	江南 3 号	灰霉病菌	4 000	4 000	2 000	2 000	0	2 000	2 333.33
		炭疽病菌	0	0	0	0	0	0	0
对照 1（CK）		灰霉病菌	4 000	2 000	6 000	2 000	12 000	2 000	4 666.67
		炭疽病菌	0	0	0	0	0	0	0

结合表 2、表 3 和以上检测分析结果，可以初步确定剪叶物理消毒装置具有防控烟草切口灰霉病的潜能，但高浓度的原子氧会对叶片造成氧化损伤。对灰霉病的防控有待进一步确认，表 1 中对照低于处理的结果可能有两个原因：一是感染灰霉病的烟叶表皮更易遭受原子氧的氧化破坏，进而增加了送样时间段内（样品滞留时间）的繁殖，这与在臭氧突然加入的条件下蔬菜的灰霉病会增加的现象是一致的，但在长期的臭氧环境中长出的叶片则不再受灰霉病菌的为害[1-2]；二是采样小概率事件的发生。以上两种液可能同时存在，但从物理植保综合防控的角度来看，剪叶后漂浮育苗的灰霉病的传播可通过布设温室电除雾防病促生机来有效防控。鉴于原子氧、臭氧对烟草苗叶既有灭菌作用又有伤害作用，很有必要研究确定原子氧消毒后，烟苗切口灰霉病菌随时间繁殖的

速度快慢，同时还需要调查确定原子氧消毒后烟苗切口在空间电场环境中发病的情况。

2.3　滞留时间对样品灰霉病菌扩散速度的影响调查

将启动物理消毒装置前后采获的样品封装后分别放置 30、120、360min 后，再行检测灰霉病菌的滋生总量，填入表 4。

表 4　启动剪叶物理消毒装置前后秧苗切口样品随滞留时间不同灰霉病菌扩散速度的调查

单位：cfu/g

样品滞留时间（CK）	30 min	120 min	360 min	样品滞留时间（处理）	30 min	120 min	360 min
菌量	3 000	4 000	6 000	菌量	1 000	4 000	7 000

表 4 给出了经物理消毒装置（原子氧/臭氧消毒）后，采获的样品如不及时处理，其灰霉病菌繁殖的速度要高于常规剪叶方法。这就是高浓度原子氧在灭菌过程中也会破坏叶片的组织结构，造成膜损伤，进而造成更适宜微生物的物质环境。经物理消毒装置处理的剪叶烟苗样品及时处理可以显示出原子氧/臭氧对切口（苗伤口）的灭菌消毒有较好的效果，处理组样品带菌率较对照（CK）低 66.7%，但之后样品的霉菌数量会有较大的变化。

2.4　剪叶后苗生长过程中灰霉病发生情况的调查

由表 2、表 3 可知，灰霉病菌普遍存在于漂浮育苗环境，那么启动物理消毒装置生成的原子氧/臭氧造成的烟苗损伤会不会造成后期烟苗的灰霉病暴发的疑惑，需要经过病害调查才能给出结论。其调查结果见表 5。

表 5　剪叶后苗生长过程中灰霉病发生情况的调查（环境：空间电场）

调查时间：4.17　调查地点：对照（CK）组/处理组　烤烟品种：南江 3 号　病害名称：灰霉病

样点	厢号							
	CK_1	处理 2	CK_3	处理 4	CK_5	处理 6	CK_7	处理 8
Ⅰ	—	—	—	—	—	—	—	—
Ⅱ	—	—	—	—	—	—	—	—
Ⅲ	—	—	—	—	—	—	—	—
Ⅳ	—	—	—	—	—	—	—	—
Ⅴ	—	—	—	—	—	—	—	—

由表 5 可以看出，在空间电场环境中无论启动物理消毒装置与否，灰霉病均未发生，其原因是空间电场对灰霉病这种气传病害有良好的防治效果，而且间歇变化的空间电场对剪叶后的烟苗伤口干燥有着促进作用，进而能够有效地

预防灰霉病的发展。

2.5 原子氧喷对病毒病的防控效果

通过对 8 个样品的烟草普通花叶病毒（TMV）、烟草黄瓜花叶病毒（CMV）和马铃薯 Y 病毒（PVY）3 种病毒进行检测，处理 1（剪叶）和对照 1（剪叶）中的 TMV 带毒率分别为 20%和 40%，在送检标样中未检测出 CMV 和 PVY 两种病毒（表 6）。处理 2 和对照 2 中的 TMV 带毒率分别为 10%和 30%，PVY 带毒率分别为 10.00%和 0，未检测到黄瓜花叶病毒（CMV）。见表 6、表 7。

表 6　送检样品主要病毒检测结果（一）

处理名称	品种	病毒名称	病毒检测结果（“+”为阳性，“−”为阴性）										带毒率（%）
			重复Ⅰ					重复Ⅱ					
处理 1（剪叶）	云烟 97	TMV	+	−	−	−	−	−	−	+	−	−	20.00
		PVY	−	−	−	−	−	−	−	−	−	−	0
		CMV	−	−	−	−	−	−	−	−	−	−	0
对照 1（剪叶）		TMV	+	+	−	−	+	−	+	−	−	−	40.00
		PVY	−	−	−	−	−	−	−	−	−	−	0
		CMV	−	−	−	−	−	−	−	−	−	−	0

表 7　送检样品主要病毒检测结果（二）

处理名称	品种	病毒名称	病毒检测结果（“+”为阳性，“−”为阴性）										带毒率（%）
			重复Ⅰ					重复Ⅱ					
处理 2	南江 3 号	TMV	−	−	−	−	−	+	−	−	−	−	10.00
		PVY	+	−	−	−	−	−	−	−	−	−	10.00
		CMV	−	−	−	−	−	−	−	−	−	−	0
处理 2		TMV	+	−	−	−	−	+	+	−	−	−	30.00
		PVY	−	−	−	−	−	−	−	−	−	−	0
		CMV	−	−	−	−	−	−	−	−	−	−	0

根据表 6、表 7 和以上检测分析，可以初步确定物理消毒装置产生的原子氧（O_3）对烟草普通花叶病毒（TMV）有钝化作用，这主要归于原子氧（臭氧）具有强烈的钝化病毒作用，处理 1 比对照 1 带毒率下降 50%，处理 2 比对照 2 带毒率降低 66.7%。原子氧（O_3）对病毒的作用首先是氧化作用，直接破坏其核糖核酸（RNA）或脱氧核糖核酸（DNA）物质，进而灭活病毒。PVY、CMV 均未检出。从烟草病毒病的发生趋势来看，TMV、PVY、CMV

主要靠蚜虫持久性传播，因此在漂浮育苗与剪叶结合的传统工艺中，防控虫媒，切断传播渠道才是培育无病壮苗的根本。

3　结论

（1）启动剪叶物理消毒装置后剪叶刀刀片上细菌总数下降了81.3％，真菌数下降了47.4％。

（2）启动剪叶物理消毒装置后立即取得的秧苗切口处样品（滞留时间30min内）的灰霉病菌下降了66.7％。但滞留时间超过120min后，灰霉病菌会快速繁殖，甚至超过对照样品。

（3）携有原子氧（O_3）产率为3g/h的物理消毒装置的剪叶机对灰霉病菌有杀灭作用，但又会造成苗叶的损伤。这些损伤会导致灰霉病菌因样品滞留时间的增加而快速繁殖。

（4）启动物理消毒装置后，剪叶苗如在空间电场环境中，其灰霉病菌并不能引起灰霉病的发生与发展。

（5）启动物理消毒装置后，剪叶机对云烟97、南江3号烟草普通花叶病毒灭活有效，带毒率降低50％～66.7％。结合原子氧（O_3）消毒特点可以确定物理消毒装置与剪叶机的结合可以有效预防剪叶过程烟草普通花叶病毒的传播。对于其他病毒病需要进一步确定效果，并且在调整原子氧（O_3）产率的情况下确定预防效果。

（6）剪叶后的真菌病害控制可采用温室电除雾防病促生机建立的空间电场来控制。病毒病的预防可从防虫网、静电灭虫灯和物理植保液组成的物理植保体系来支撑。

参考文献

[1] 宏志，王佳．美国的烟草工厂化漂浮育苗［J］．世界农业，1999，247（11）：38－40.
[2] 刘滨疆．温室无公害蔬菜生产保障设备［J］．农村实用工程技术，2001（12）：1.

附件 3

空间电场在温室中的分布规律的研究

摘要： 本文针对漂浮育苗设施的温室电除雾防病促生机电极线的布置方式与电晕电流之间关系进行了研究。检测结果表明：对于漂浮育苗设施，水平电极线的合理布设高度应选在 2.0～2.5m，但为了打破泄漏电流零点高度的限制，实际布设中选用垂线悬挂在水平电极线上，下端距苗盘高度应在 1m 的位置。水平电极线相距应在 3～6m。建议水平电极线沿苗厢长度方向的正中央布设为佳，垂线每隔 3m 悬挂 1 条。

关键词： 空间电场　静电场　电晕放电　臭氧　漂浮育苗

1　理论分析

首先，产生空间电场是通过架设在绝缘子上的电极线产生的，两个绝缘子之间的电极线可以看成一条有限长的均匀带电直线，从而可以把此问题简化成线板电容来分析。

直径为 1mm 的电极线的曲率半径很大，电极线的附近面电荷密度会很大，自由电子进入电极线附近区域时，经电场加速后获得足够的能量，当这些自由电子与空气中的气体分子相互碰撞时，其能量能够使气体分子释放出外层电子，从而电离成自由电子和正离子。可在电极线附近区域内产生大量的自由电子和正离子，电场力作用于这些自由电子和正离子，使自由电子向正极移动，正离子向负极移动，从而形成电流，这种电流称为泄漏电流[1]。

2　试验测定

由于空气具有微弱的导电性，在空间电场的环境下，尤其是在温室较为潮湿环境中，空间电场电极线周围存在着较大的泄漏电流，试验在绥阳、桐梓地区漂浮育苗设施中进行。

试验所用空间电场防病促生系统电源电压为 40kV，电极线架设高度为 1m、2.5m，测量不同高度下空间电场泄漏电流的分布情况。试验时将万用表的探针置于电极线下各个测试点处，测量各个测试点的泄漏电流值，每个测试点测量 3 次，取每个点测试数据的平均值。由于电极线两侧的空间电场呈对称分布，所以，只需要测量电极线下方的泄漏电流值。测试结果见表 1、表 2。

表 1　电极线高度为 1.0m 时，不同垂直距离上泄漏电流值

垂直距离（mm）	泄漏电流值（μA）			平均值（μA）
100	62	61.7	61.7	61.80
200	24	24.1	24	24.03
300	13	12.5	12.6	12.70
400	9.8	9.6	9.8	9.73
500	7.5	7.5	7.4	7.47
600	5.2	5.1	5.2	5.17
700	4.1	3.8	3.6	3.83
800	3	3.1	3.3	3.13
900	2.3	2.3	2.2	2.27

表 2　电极线高度为 2.5m 时，不同垂直距离上泄漏电流值

垂直距离（mm）	泄漏电流（μA）			平均值（μA）
100	61.8	61.6	61.7	61.70
200	22.8	22.7	22.8	22.77
300	12.9	12.7	12.6	12.73
400	9.4	9.2	9.1	9.23
500	6.7	6.6	6.7	6.67
600	4.9	4.8	4.7	4.80
700	3.6	3.7	3.5	3.60
800	2.7	2.6	2.4	2.57
900	1.8	1.6	1.7	1.70
1 000	1.1	0.9	1	1.00
1 100	0	0	0	0
1 200	0	0	0	0
1 300	0	0	0	0
1 400	0	0	0	0
1 500	0	0	0	0
1 700	0	0	0	0
1 800	0	0	0	0
1 900	0	0	0	0
2 000	0	0	0	0

（续）

垂直距离（mm）	泄漏电流（μA）			平均值（μA）
2 100	0	0	0	0
2 200	0	0	0	0
2 300	0	0	0	0
2 400	0	0	0	0
2 500	0	0	0	0

用电极线垂直距离为100mm处的泄漏电流值来评价空间电场的安全性，在电极线垂直距离100mm处泄漏电流值为61.7μA，根据行业规定，人体的安全电流：交流时为30mA，直流时为50mA，人体的感知电流交流为1mA，直流为5mA。空间电场防病促生系统泄漏电流值远远小于人体可以感知的电流值，因此，在温室中安装空间电场防病促生系统不会对人体造成伤害。

在漂浮育苗设施的大空间内，空间电场的场强和等势面关于电极线呈对称分布，为了使漂浮育苗设施中的烟苗能较为均衡地处于空间电场的环境下，每套设备的电极线等间距相互平行布设在设施内。

由表1、表2可以看出，安装高度越低，场强越大，但考虑到对工作人员作业的方便性及安全性，安装高度应高于一般工作人员的身高，如在漂浮育苗池正上方的电极线可以悬挂垂线至盘面高度1m处最佳。

3 结果与分析

从表1、表2可以看出，离电极线距离越近，泄漏电流值越大；离电极线距离越远，泄漏电流值越小，泄漏电流和电极线垂直距离之间成反比例关系。在不同高度时，泄漏电流值在电极线垂直距离约1 100mm处时接近于零。为了确定空间泄漏电流的分布情况，还测定了电极线距漂盘1.5m、2.0m时线下方不同点的泄漏电流，再根据表1、表2测量的泄漏电流分布规律，将泄漏电流值接近于零时距离地面的距离汇总于表3中。

表3 不同布设高度的电极线正下方泄漏电流接近零点时距地距离

项目	参数			
电极线高度	1.0	1.5	2.0	2.5
零点距地距离	—	0.4	0.9	1.4

由表3可以看出，电极线布设高度不同时，泄漏电流值接近于零时距离地面的距离不同，电极线布设越低，从烟苗流过的泄漏电流越大。而流过烟苗的泄漏电流越大，液中氧气含量将会越高，根系活力将越高[2,3]。

4　结论与讨论

对于漂浮育苗设施，水平电极线的合理布设高度应选在2.0～2.5m，但为了打破泄漏电流零点高度的限制，实际布设中选用垂线悬挂在水平电极线上，下端距苗盘高度应在1m的位置。水平电极线相距应在3～6m。建议水平电极线沿苗厢长度方向的正中央布设为佳，垂线每隔3m悬挂1条。

参考文献

[1] 吴宗汉．基础静电学［M］．北京：北京大学出版社，2010.

[2] 刘滨疆，雍红月．静电场促控植物生长条件的研究［J］．高电压技术，1998(4)：16－20.

[3] 刘滨疆等．静电场驱动离子系统在温室蔬菜生产中的应用［J］．农业机械，2001(3)：36.

附件 4

温室电除雾防病促生机除雾降湿的试验研究

摘要： 针对遵义地区烤烟漂浮育苗设施育苗过程中的高湿、低温、病多等诸多问题，试验研究监测空间电场环境中漂浮育苗设施内空气水分含量、相对湿度的变化规律以及与对照的差异，并结合作物生长状况和生理代谢的变化，科学地阐述空间电场环境中空气含水量、相对湿度与设施保温、烟苗生长速度之间的关系。结果表明，温室电除雾防病促生机产生的空间电场具有强烈的除雾、降低空气含水量的作用，其降幅可达 40％之多，并显著降低了卷帘通风次数，减小了温差波动幅度，保持了高于对照 0.5～2℃的温度优势，成苗时间较对照缩短了 5d。

关键词： 温室　漂浮育苗　烤烟　静电场　雾　湿度

0　引言

遵义地区漂浮育苗设施育苗期间存在着光照不足、雾多湿度大、温度低，根茎病害和气传病害多发的诸多生产难题，因而，为解决这些问题通常是将湿度、温度结合在一起实施人为控制。多数漂浮育苗工场的设施管理是在湿度太大便将四周的棚膜卷起来，让气流通过防虫网流通降湿，其结果往往是温度下降剧烈，苗病加重，温度太低就保持密闭保温，其结果也是苗病增多。另一方面，漂浮育苗设施早晚多发棚膜结露滴水现象，此问题涉及浮盘烟苗根茎病害、茎叶病害多发。因此，早春漂浮育苗设施的雾气和空气湿度控制是育苗设施首先要解决的机械化问题，只有通过装置实施实时控制，烟草漂浮育苗工场才能取得生长一致的壮苗供大田使用[1-2]。

1　材料与方法

因物体表面，如湿度计棉球水分在静电场环境中有特异性变化，采用常规的温湿度测量并不能说明实际空气的水分状态，故在空间电场环境中测定空气水分需要实测含水量。

1.1　试验材料

试验地概况：测试项目落实在绥阳县风华育苗工场内，试验苗棚和对照苗棚面积均为 1 042m^2，8 厢，每厢长 30m×3.6m，每栋试验棚安装了 4 套 3DFC－450 型温室电除雾防病促生机，电极线安装高度 2m。对照苗棚不安装 3DFC－450 型温室电除雾防病促生机。

1.2　试验仪器

采用五氧化二磷吸收法测定漂浮育苗设施内的空气含水量[3]。其中，每套测试装置配置2只U型管，1#、2# U型管各装10g五氧化二磷，流量计流量选为300mL/min。

成苗的检测仪器包括电子天平、干湿球湿度计、直尺等。

2　检测项目与方法

检测项目包括：空气含水量的测定，以此确定空间电场的除雾降湿效果；成苗期的测定。

2.1　除雾降湿的测定

2.1.1　测定点和时间

试验和对照各选择2栋漂浮育苗设施，取每栋设施的中央部位作为检测点，该点距地面高0.5m。时间选定为9：00、11：30、17：00，每次取样45min。

2.1.2　计算方法

空气中含水 X（mg/L），按式（1）计算：

$$X=(m_2-m_1)/V\times 1\,000 \qquad (1)$$

式中，V 为流量计指示的取样体积，L；m_1 为取样前U型管的质量，g；m_2 后U型管的质量，g。

2.2　成苗期的测定

烟苗达到适栽和壮苗标准，可进行移栽的日期，记载标准为全棚50%幼苗达到适栽和壮苗标准时的日期。其测量指标按照《烟草集约化育苗技术规程第1部分：漂浮育苗》(GB/T 25241.1—2010）的相关规定确定，如苗龄55～75d，单株叶数6～8片，茎高10～15cm，茎围1.8～2.2cm。烟苗健壮无病虫害，叶色绿，根系发达，茎秆柔韧性好，烟苗群体均匀整齐。其中苗龄可因设施的环境控制水平而发生较大的变化，标准中的苗龄规定可适当放至50～75d。

3　结果与分析

空间电场具有强烈的除雾与促物体表面干燥的功能，应用在早春的漂浮育苗设施内可以抑制雾气的生成，有效降低空气含水量，进而降低通风次数，提高育苗设施温度。

表1　漂浮育苗设施内空间电场与对照环境中空气含水量的测定值

单位：mg/L

日期	起始时间	空间电场				CK			
		1#管	2#管	平均	气温（℃）	1#管	2#管	平均	气温（℃）
2014-03-05	9：00	0.36	0.42	0.390	8	0.76	0.66	0.710	7.5
	11：30	0.29	0.30	0.295	13	0.51	0.45	0.480	12
	17：00	0.32	0.46	0.390	11	0.83	0.82	0.825	10.5

（续）

日期	起始时间	空间电场				CK			
		1＃管	2＃管	平均	气温（℃）	1＃管	2＃管	平均	气温（℃）
2014－03－10	9：00	0.36	0.44	0.400	10	0.80	0.77	0.785	9.5
	11：30	0.55	0.42	0.485	17	0.68	0.76	0.720	15
	17：00	0.41	0.52	0.465	12	0.88	0.85	0.865	11

备注：起始时间为开始采样的时间，此后采样 45min。

表 1 给出了空间电场和对照环境中的空气含水量日变化的一般状况，从同时间两设施空气含水量的数据来看，空间电场环境中的空气水分明显少于对照，空间电场环境中水分含量日均为 0.4mg/L，而对照为 0.73mg/L，对照设施的日均空气含水量较空间电场环境高出 82.5%。从温度上可以看出，空间电场环境中的日均气温较对照环境高出 0.5～2℃，其原因首先是空间电场设施关闭了通风膜，而对照因湿度高一直开启着通风膜。温度的高低决定着发芽、苗的生长速度，早春温度越高烟苗生长越好。空气含水量决定绝对湿度，而湿度是病害发生的重要影响因素，降低空气含水量就能够降低病害的发生率。空间电场的除湿净化及灭菌作用可将漂浮育苗设施空气环境维护至很安全的状态，因此可以大幅度减少通风换气次数。

表 2　漂浮育苗设施内空间电场与对照环境中空气相对湿度的测定值（%）

日期	起始时间	空间电场				CK			
		1＃棚	2＃棚	平均	气温（℃）	1＃棚	2＃棚	平均	气温（℃）
2014－03－05	9：00	79	80	79.5	8	82	82	82.0	7.5
	11：30	74	73	73.5	13	77	76	76.5	12
	17：00	82	84	83.0	11	86	87	86.5	10.5
2014－03－10	9：00	80	80	80.0	10	83	83	83.0	9.5
	11：30	72	72	72.0	17	73	72	72.5	15
	17：00	83	83	83.0	12	86	86	86.0	11

表 2 给出了空间电场和对照环境中的空气相对湿度日变化的一般状况，从同时间两设施空气相对湿度的数据来看，空间电场环境中的空气相对湿度少于对照 0.5～5 个百分点，空间电场环境中相对湿度日均为 78.5%，而对照相对湿度日均为 81.1%。从相对湿度测定结果来看，空间电场降低湿度的能力似乎并不显著，这与空间电场能迅速除雾的能力有着矛盾，参照表 1 的测量结果可以看出表 2 测定的相对湿度并不能真实反映空间电场的除湿能力，其原因是湿度计的结构相对于空间电场（静电场）为一静电屏蔽结构，其湿球温度计的

水分蒸发不仅仅与大气含水量相关，还与静电除雾聚水、静电抑制干湿球湿度计壳内（相当于静电屏蔽壳）水分的蒸发有关。因此，在空间电场环境中，干湿球湿度计测定出来的湿度变化并不能真实地反映空气中含水量的变化。从表1、表2中2014年3月10日17：00的测量结果可以看到，空间电场环境中相对湿度下降3个百分点就相当于空气含水量下降40%左右。

结合表2和产生空间电场的电极线的布局、电极线放电强弱等情况，可以确定空气相对湿度在空间电场环境中会有一定程度的减小，但其会因时间、距地面高度的不同而呈现较大差异。在晴天阳光照射下，因烟苗冠层气流的上升作用，距离冠层高70cm区间空气湿度变化不大，常保持在60%～70%的相对湿度状态下。夜间该空间湿度分布则被空间电场压缩至冠顶层至30cm的空间内，此空间内还保持着携有大量负电荷的水汽粒子。实践证明，湿度的间歇变化对作物的生长要优于湿度的恒定状态。

实验结果表明，空间电场对空气含水量影响巨大，依据湿度与植物生长之间的关系，湿度对植物生长的影响很复杂，不同种属的植物对湿度的需求呈多样性。许多原产于热带雨林中或生长在山涧小溪旁的植物，不单对土壤水分要求较多，而且还需要较大的空气湿度。不少种类对空气湿度的要求甚至比土壤浇水更为重要，例如蕨类、一些附生植物等。如果空气太干燥，容易出现叶面粗糙、边缘焦枯、叶片黄化、卷曲等不良现象。热带雨林作物多喜湿，如热带兰和很多观叶植物，这类植物要求空气的湿度至少在60%以上。在一般情况下，只要不低于40%，多数品种还能正常生长。如果湿度不及40%，植株的叶子就会产生焦边、枯黄的现象。另一类植物，譬如景天酸代谢（CAM）的仙肉植物，气孔白天关闭（减少蒸腾作用），晚上开放，空气湿度作用有限，当然并非说空气湿度完全没有用，很多沙漠性仙肉植物获得水分的主要途径之一是利用昼夜温差大产生的水露以及海洋传播的水气，但是保持这种空气湿度的时间是很短暂的，这和热带雨林的高湿度是有本质区别。烟苗的生长环境空气湿度只要在40%以上就不会出现生长问题，实际上漂浮育苗设施因空间电场的存在相对湿度的降幅最大也就降低5～8个百分点，这与对照设施的相对湿度表观上并没有特别显著的差异，而实测的空气含水量下降近50%，烟苗生长也未显现任何阻碍特征。

表3　成苗时间与苗产量的记录

项目	播种时间（年/月/日）	成苗时间（年/月/日）	可移栽时间（年/月/日）	成苗株数（株/盘）
空间电场	2014/01/26	2014/04/18	2014/04/20	91.0
CK	2014/01/26	2012/04/23	2014/04/25	89.3

表3给出了空间电场环境与对照环境中烟苗的成苗时间和成苗率，可以看出空间电场环境中烟苗的成苗时间较对照提前5d，而且成苗株数每盘高出1.7株。空间电场环境中成苗时间提前的原因与棚室温度高、电离放电产生的空气氮肥、钙离子输运增强有关，也与空间电场促进二氧化碳吸收有关[4]。在试验棚内建立空间电场的高压电极电离空气，把空气中的氮气转化为二氧化氮，而电离生成的二氧化氮必须与水结合才能形成硝态氮被植物吸收。间歇工作的空间电场技术装置可使设施内的空气含水量呈现与间歇变化相对应的变化关系，即当空间电场消失后，空气含水量或雾气又会慢慢地升起，而当空间电场又出现时，空气中的氮气就会被电离成二氧化氮并在静电力的作用下与雾气结合成为硝态氮肥。即伴随着间歇出现的空间电场，出现了这样一种过程：雾气—二氧化氮—微酸性硝酸—着落地面和烟苗上—再被烟苗吸收，此过程昼夜循环，雾起雾落，烟苗就不断地吸收着氮素营养，长此以往，烟苗生长便可以脱离氮素化肥的投入而照样健康生长。

4 结论与讨论

温室电除雾防病促生机产生的空间电场具有强烈的除雾、降低空气含水量的作用，并有较显著的促进生长作用。

在漂浮育苗设施内空间电场能够降低空气含水量40%之多。空间电场环境中干湿球湿度计测定的相对湿度与常规环境中测得的相对湿度不可作比较，前者不能准确表达出空气中实际的含水量。

温室电除雾防病促生机产生的空间电场的降湿除雾作用显著降低了通风次数，保温效果好，能使空间电场设施内的温度高于对照0.5℃以上。

参考文献

[1] 宏志，王佳．美国的烟草工厂化漂浮育苗［J］．世界农业，1999，247（11）：38－40.

[2] 刘春奎，方加贵，马林，等．烟草漂浮育苗关键技术研究［J］．安徽农学通报，2010（21）：77－78.

[3] 杨芳，石晓松．吸收测量法测定投入其中的水含量［J］．化学研究与应用，2008（5）：652－655.

[4] 刘滨疆，雍红月．静电场促控植物生长条件的研究［J］．高电压技术，1998（4）：16－20.

附件 5

漂浮育苗设施中温室电除雾防病促生机的防病效果研究

摘要： 针对遵义地区烤烟漂浮育苗阶段棚室环境和病害发生特点，在漂浮育苗棚内设置了由温室电除雾防病促生机建立的空间电场防病系统，并对常见根茎病害、气传病害、烟草病毒病、气候斑点症进行了调查。调查结果表明，空间电场环境中根茎病害的发生率明显低于对照，气传病害的发生率也低于对照，而且空间电场不会造成烟草气候斑点症的发生。调查结果还表明，烟草病毒病的发生程度试验组低于对照组，但不能明确归于空间电场的作用，应是综合防治的结果。由此肯定了空间电场防病技术可以用于漂浮育苗棚根茎性病害、气传病害的预防，肯定了温室电除雾防病促生机作为建立环境安全型漂浮育苗设施的重要作用，同时指出烤烟病毒病应采用物理植保集合措施来预防。

关键词： 漂浮育苗　空间电场　静电场　植物病害　烤烟育苗

0　引言

在空间电场环境中，漂浮育苗设施内气溶胶含量的下降伴随着空气微生物浓度的降低，也必定带来气传病害发生率和农药使用量的下降。同样，建立空间电场的高压电极会电离空气产生臭氧、二氧化氮等杀菌性气体，进而消杀一部分空气病原微生物。空间电场电极电离空气产生的光谱与阳光某一波段相似，不仅可以提高作物的光合作用强度，增强抗病力，而且会以微弱的紫外线促进烟苗茎秆、叶片的纤维化，进而提高抗病力[1-3]。又因为空间电场具有很多重要的生物效应，如会引起根系环境氧含量提高增强根系活力，还会加快叶片以及栽培基质表面的水分蒸发，更为重要的是通过调节植物对钙离子、碳酸氢根离子的吸收增强了植物的抗病力。

1　材料与方法

1.1　试验地点

桐梓县分公司九坝育苗工场。试验和对照育苗棚面积均为 1 152m^2（32m×36m）。每厢面积为 55.4m^2（17.1m×3.24m）、每厢装载漂盘 270 盘（9×30 盘）。每棚 4 320 盘（270 盘/厢×16 厢），共育苗（4 320 盘×160 株/盘）691 200 株。

1.2　试验材料

育苗工场漂浮育苗设施：空间电场试验棚漂浮育苗池烟苗作为试验组；常

规漂浮育苗棚的烟苗作为对照组（CK）。

1.3 试验设计

1.3.1 空间电场的设置

6 套 3DFC－450 型温室电除雾防病促生机。电极线距地面高度为 2.3 米，电源输出电压为正高压 40kV。工作时间设定为每工作 15min 停歇 15min，循环往复。

1.3.2 调查对象

调查空间电场环境与对照环境中漂浮育苗中期的根茎病害与气传病害、成苗期病毒病发生状态以及全育苗期农药的使用费用。

1.3.3 采样方法

每栋漂浮育苗设施按照图 1 抽检 8 厢，每厢按照图 2 进行 5 点取样，取样数量为每点 3 盘（10×16 株/盘），每厢共 15 盘，计算发病盘数。

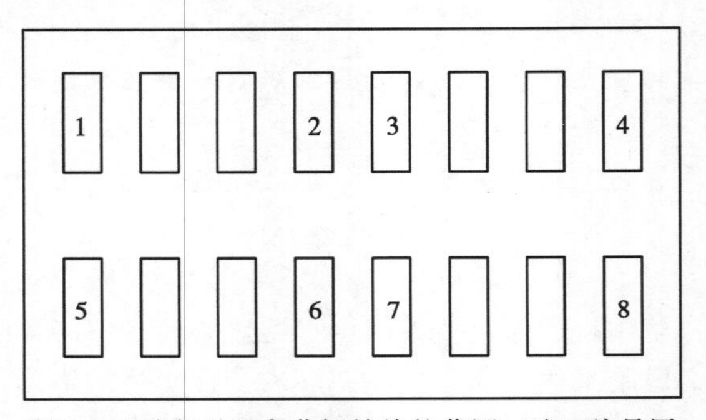

图 1　试验与对照育苗棚抽检的苗厢（池）编号图

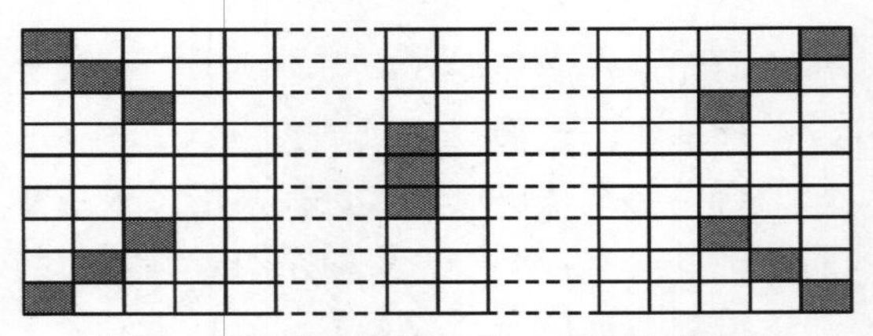

图 2　每个苗厢（池）的 5 点采样编号图

1.3.4 病害调查对象

在实际生产中，根茎病害往往发生集中，常常以盘和邻近盘为群发，在实际的植保过程中也往往以盘作为处理对象，或扔掉或施药，因此，鉴于育苗实际生产情况，以盘作为最小单位进行病害调查既简便又具有植保指导意义。

（1）全盘性病害调查对象

对于根茎性病害，只要一盘有 1/4 面积感病就视为全盘性病害；对于气传病害，只要有一盘 1/2 面积感病就视为全盘性病害；对于病毒病，只要一盘有 1 株感病便视为全盘染毒。调查以盘为单位的发病率，见式（1）。

$$发病率=（感病盘数/调查总盘数）\times 100\% \quad (1)$$

（2）设备危害性症状调查

烟草气候斑病或气候斑点病是受空气中有害物质危害引发的非传染性病害。苗期、成株可发病。幼叶及正在伸展的叶片受害重，造成烟草气候斑病主要是臭氧（O_3）的存在，当臭氧浓度达到 0.03～0.05mg/kg，就会对烟草等富含叶绿素的植物组织产生不良影响，使叶尖上产生点痕、斑点或斑。而空间电场杀灭烟草病害的同时，电极线放电会产生臭氧、二氧化氮等气体，因此，在使用空间电场杀灭病原微生物，对烟草病害进行调查的同时必须对烟草气候斑病进行实时监测，确保空间电场释放的臭氧不会造成烟草的斑点病害。对气候斑点病的调查以每盘有 1/3 面积秧苗染病即可视为全盘染病，调查以盘为单位的发病率，见式（1）。

1.3.5　农药使用费用

试验棚和育苗棚的农药使用费用按照实际支出计测。

2　结果与分析

3DFC－450 型温室电除雾防病促生机（空间电场设备）于 2014 年 1 月 26 日正式开机使用直至移栽结束。病害调查按照前述的要求进行，试验组和对照组的烟苗病害调查均按表 1 填写，且每种病害填写 1 张表格。发病率均按表 3 填写；气候斑病无害化调查按表 10 填写。

表 1　漂浮育苗中期对照组根茎病害调查记载表

单位：盘

调查时间：3.28　调查地点：对照组　烤烟品种：南江 3 号　病害名称：根茎病害

样点	厢号							
	1	2	3	4	5	6	7	8
Ⅰ	—	—	—	—	—	—	—	1
Ⅱ	—	—	—	—	—	—	—	—
Ⅲ	—	—	2	—	—	3	—	—
Ⅳ	—	—	—	—	3	—	—	—
Ⅴ	—	—	—	—	—	—	—	—

表2　漂浮育苗空间电场试验组根茎病害调查记载表

单位：盘

调查时间：3.28　调查地点：对照组　烤烟品种：南江3号　病害名称：根茎病害

样点	厢号							
	1	2	3	4	5	6	7	8
Ⅰ	—	—	—	—	—	—	—	1
Ⅱ	—	—	—	—	—	—	—	—
Ⅲ	—	—	—	—	—	—	—	—
Ⅳ	—	—	—	—	—	—	—	—
Ⅴ	1	—	—	—	—	—	—	—

在完成以上病害调查表的基础上，计算发病率，并将结果填写到表3。

表3　漂浮育苗试验组与对照组根茎病害调查整理表

调查日期	调查地点	烤烟品种	病害名称	调查总盘数	感病总盘数	发病率（%）
3.28	对照组	南江3号	根茎病害	120	9	7.50
3.28	试验组	南江3号	根茎病害	120	2	1.67

由表1、表2记录的试验组、对照组的根茎病害发生情况以及表3给出的结果可以看出，对照组有较重的根茎病害发生，发病率达7.50%，而试验组仅为1.67%，即试验组的根茎病害较对照组的发病率低77.7%。在获取以上数据的基础上，结合试验组、对照组烟苗生长的实际情况，可以看到根茎病害的发生往往具有成片性，一厢染病往往集中在一个范围内。试验组很少发生根茎病害的原因可以归于空间电场改善了漂浮育苗的气固液三界的理化和生物存活条件，比如空间电场可以降低基质与漂盘表面的水含量，可以提高光合作用强度进而提高根活力，还可以提高根际氧气含量等。另一方面，从试验组发病点的分布可以看出，根茎病害出现在棚角位置，这可能与棚角的静电场屏蔽有关。

表4　漂浮育苗对照组气传病害调查记载表（一）

单位：盘

调查时间：3.28　调查地点：对照组　烤烟品种：南江3号　病害名称：气传病害

样点	厢号							
	1	2	3	4	5	6	7	8
Ⅰ	—	1	1	—	—	—	1	—
Ⅱ	—	—	—	—	1	—	—	—

（续）

样点	厢号							
	1	2	3	4	5	6	7	8
Ⅲ	—	—	—	—	—	—	—	—
Ⅳ	—	—	—	—	—	—	—	—
Ⅴ	—	—	—	—	—	—	—	—

注：气传病害为仅发生于烟苗叶表面而根茎未发生的病害。

表 5　漂浮育苗试验组气传病害调查记载表（二）

单位：盘

调查时间：3.28　调查地点：对照组　烤烟品种：南江 3 号　病害名称：气传病害								
样点	厢号							
	1	2	3	4	5	6	7	8
Ⅰ	—	—	—	—	—	—	—	—
Ⅱ	—	—	—	—	—	—	—	—
Ⅲ	—	—	—	—	—	—	—	—
Ⅳ	—	—	—	—	—	—	—	—
Ⅴ	—	—	—	—	—	—	—	—

注：气传病害为仅发生于烟苗叶表面而根茎未发生的病害。

由表 4、表 5 给出的调查结果计算试验组、对照组气传病害的发病率，并将结果填写到表 6。

表 6　漂浮育苗试验组与对照组气传病害调查整理表

调查日期	调查地点	烤烟品种	病害名称	调查总盘数	感病总盘数	发病率（%）
4.18	对照组	南江 3 号	气传病害	120	4	3.3
4.18	试验组	南江 3 号	气传病害	120	0	0

从表 6 可以得出试验组气传病害发病率为 0，对照也仅为 3.3%的零星发生，并未形成广泛传播，这说明气传病害在漂浮育苗期间并不是主要病害，也说明空间电场防病作用有效。结合现场情况，表中所指的气传病害属于剪叶后常见的霉菌类，而霜霉病、灰霉病、白粉病均未在试验组和对照组中出现。从表 4、表 5 和表 6 所示的检测结果，桐梓地区漂浮育苗的气传病害并不是苗期的多发病害，对照组小范围发生的原因多为前期剪叶落叶腐烂后形成的霉菌病

害产生的孢子借风气流传播的。结合蔬菜生产设施的气传病害空间电场预防效果和机理，可以确定在漂浮育苗设施内设置空间电场除雾降湿[4]、改善烟苗生长环境的水汽条件以及快速使剪叶机剪落的碎叶干燥等是预防气传病害的有效措施。

表 7　漂浮育苗对照组病毒病调查记载表（一）

单位：盘

调查时间：3.28　调查地点：对照组　烤烟品种：南江 3 号　病害名称：病毒病

样点	厢号							
	1	2	3	4	5	6	7	8
Ⅰ	—	—	—	—	—	1	—	—
Ⅱ	1	—	—	—	—	—	—	—
Ⅲ	—	—	—	—	—	—	—	—
Ⅳ	—	—	—	—	—	—	—	1
Ⅴ	—	—	—	—	—	—	—	—

注：病毒病的确定，即盘中有一苗染病便视为全盘染病。

表 8　漂浮育苗试验组病毒病调查记载表（二）

单位：盘

调查时间：3.28　调查地点：对照组　烤烟品种：南江 3 号　病害名称：病毒病

样点	厢号							
	1	2	3	4	5	6	7	8
Ⅰ	1	—	—	—	—	—	—	—
Ⅱ	—	—	—	—	—	—	—	—
Ⅲ	—	—	—	—	—	—	—	—
Ⅳ	—	—	—	—	—	—	—	—
Ⅴ	—	—	—	—	1	—	—	—

注：病毒病的确定，即盘中有一苗染病便视为全盘染病。

由表 7、表 8 给出的调查结果计算试验组、对照组病毒病的发病率并将结果填写到表 9。

表 9　漂浮育苗试验组与对照组病毒病调查整理表

调查日期	调查地点	烤烟品种	病害名称	调查总盘数	感病总盘数	发病率（%）
3.28	对照组	南江 3 号	病毒病	120	3	2.5
3.28	试验组	南江 3 号	病毒病	120	2	1.67

由表 7、表 8 给出的调查结果计算试验组、对照组病毒病的发病率，从表 9 可以得出试验组发病率为 1.67%，对照组为 2.5%，试验组较对照组低 33.2%，从现场情况来看还不能由此判定空间电场具有防治病毒病发生的效能，因为试验组采用了综合的物理植保技术设施，譬如严密的防虫网、多功能静电灭虫灯、有效的漂盘灭菌消毒、物理植保液等。结合蔬菜生产中采取的病毒病物理植保技术效果，可以判定空间电场对病毒病的预防力度较低，不能作为病毒病预防的主要物理措施。

由于物理性、物理化学性伤害具有区域内均一性的特点，抽检空间电场环境中任意苗厢漂盘均可准确查验烟苗的气候斑点病。抽检结果填入表 10。

表 10　漂浮育苗试验组气候斑点病害调查记载表

调查时间：4.20	烤烟品种：南江 3 号		病害名称：气候斑点病
盘号	时间			

盘号	时间 2d	5d	10d	15d
1	—	—	—	—
2	—	—	—	—
3	—	—	—	—
4	—	—	—	—
5	—	—	—	—

表 10 给出了空间电场环境中烟苗气候斑点病的调查情况，无任何气候斑点病发生，其结果说明了空间电场电离空气产生的氧化剂（臭氧、原子氧、氮氧化物）不会造成烟苗发生气候斑点病。

表 11　漂浮育苗试验组与对照组生长期所需农药费及成苗株数对比

项目	播种时间（年/月/日）	成苗时间（年/月/日）	移栽时间（年/月/日）	农药费（元）	成苗株数（株/盘）
试验组	2014/01/26	2014/04/18	2014/04/20	350	136.6
对照组	2014/01/26	2012/04/23	2014/04/25	0	128.4

表 11 给出了试验组和对照组一个育苗周期的农药费用和产率（成苗株

数)。试验组在前期一直没有打农药，也没有发生病害，在 3 月下旬发生了极轻微的根腐病，观察了一段时间后无扩散就未施药。对照组发生多种病害，虽轻微但经常使用农药，对漂浮育苗设施的生产效率有一定影响，且增加了农药的残留。在杀真菌剂使用方面，试验组可以实现不使用农药，而对照组却要花费 350 元农药采购费。另一方面，从成苗株数来看，试验组要较对照组多产出 8.2 株/盘，那么因空间电场的存在，一栋漂浮育苗棚产出的烟苗要比对照棚多出 35 424 株，其成效显著。

3 小结与讨论

(1) 使用温室电除雾防病促生机建立的空间电场预防烟草漂浮育苗根茎病害有效，且有效率达 77%。空间电场预防漂浮育苗根茎类病害与空间电场改变营养液、基质、烟苗、大气组成的生长环境的理化因子强度、微生物种群分布有关，尤其与空间电场的表面干燥功能和根际微电解增氧功能有关，是空间电场作用于环境的物理化学作用的综合表现。

(2) 使用温室电除雾防病促生机建立的空间电场预防气传病害有效。结合空间电场在蔬菜生产植保领域应用情况，可以充分肯定空间电场对依靠空气传播的烟草真菌病害预防有效。

(3) 使用温室电除雾防病促生机建立的空间电场预防烟草病毒病仍需更详细的试验方可确定其作用大小。结合蔬菜病毒病物理防治技术应用情况可以初步确定空间电场在预防植物病毒病方面作用有限，但与防虫网、静电灭虫灯、物理植保液以及育苗器具物理消毒装备集合起来使用，对苗期病毒病感染和传播有着控制作用。

(4) 漂浮育苗设施设置空间电场防病促生技术装置不会造成烟苗气候斑点病。在漂浮育苗设施内设置空间电场防病促生装置产生的臭氧、原子氧、氮氧化物不会危害烟苗的生长，其形成的臭氧浓度不足 0.04mg/kg，因而是安全可靠的[5]。

(5) 在漂浮育苗设施内设置空间电场防病促生装置是降低农药使用量、减少农药残留的有效措施。良好的空间电场设置方式是确保减少农药用量，尤其是减少或不用杀真菌剂的关键。结合蔬菜空间电场的使用效果，在漂浮育苗设施内的电极线布设高度和空间电场间歇出现的周期对于提高防病效率，降低农药用量至关重要，合理优化的布置方式将能完全替代杀真菌剂的使用。

(6) 使用温室电除雾防病促生机建立的空间电场获得好的预防效果不仅取决于空间电场装置的布设方式，而且还与设施配套的环境管理设施相关。优秀的漂浮育苗病害预防措施应该包含温室电除雾防病促生机、烟气二氧化碳增施机、有防虫网围护的封闭设施以及良好的营养管理。

参考文献

[1] 刘滨疆，雍红月．静电场促控植物生长条件的研究［J］．高电压技术．1998（4）：16－20.

[2] 刘滨疆，王晶莹，吴魁．静电场驱动离子系统在温室蔬菜生产中的作用机理［J］．农业机械，2001（3）：37.

[3] 刘滨疆．空间电场调控技术在无公害农产品生产中的应用［J］．世界农业，2002（12）：39－41.

[4] 孙宗发，马俊贵．空间电场防病促生系统工作原理及性能试验［J］．农业工程，2013（1）：43－46.

[5] 刘滨疆，仲兆清．温室病害臭氧防治技术及应用［J］．北京农业，2001（12）：13.

附件 6

空间电场调控烟苗生长的试验研究

摘要：针对遵义地区烤烟漂浮育苗阶段棚室环境特点，在漂浮育苗棚内设置了由温室电除雾防病促生机建立的空间电场防病促生系统，对烟苗生长的生物学指标进行了调查。调查结果表明：使用空间电场促生技术可以提早 5d 以上达到壮苗标准；使用空间电场促生技术将导致根冠比下降。

关键词：空间电场　静电场　漂浮育苗　烤烟　生物学指标

1　材料与方法

1.1　试验地

桐梓县分公司九坝育苗工场。

1.2　供试材料

贵烟 2 号。

1.3　试验设计

6 套 3DFC－450 型温室电除雾防病促生机。电极线距地面高度为 2.3m，电源输出电压为正高压 40kV。工作时间设定为每工作 15min 停歇 15min，循环往复。

1.4　调查对象

调查空间电场环境与对照环境中漂浮育苗的烟苗生长状态，且为移栽前的成苗期的生长状态。调查内容包括叶片数、叶长、茎围、茎高、根鲜重与根干重。

成苗期的调查采用壮苗标准：整箱烟苗至少有 50%的苗生长一致、苗高 15～20cm、茎粗 0.5～0.7cm、8～10 片真叶、茎高 8～12cm 为标准，确定生长期。

1.5　采样方法

苗箱采用 5 点取样，取样数量为 1 盘（10×16），测定株高、茎围、茎高、根鲜重、根干重、有效叶片数、根冠比。

2　结果与分析

2.1　空间电场对烟苗生长状态的影响

表 1 给出了漂浮育苗的空间电场环境与对照环境中成苗期的调查数值，空间电场环境中烟苗的株高、茎围、茎高、根鲜重、根干重、有效叶片数均高于对照，仅根冠比低于对照。空间电场组的株高比对照组高 26%；茎围较对照组高 13.6%；茎高较对照高 27.7%；根鲜重和根干重与对照组相比虽呈现高

的趋势，但并不明显，其中根鲜重较对照组高 1.2%，而根干重较对照组高 10%；有效叶片数较对照组高 12.5%；根冠比较对照组低 17.2%。

表 1　漂浮育苗空间电场与对照环境中烟苗质量的调查

处理	株高（cm）	茎围（cm）	茎高（cm）	根鲜重（g）	根干重（g）	有效叶片数（片）	根冠比
处理	15.5	2.5	11.76	1.62	0.53	9	0.24
对照	12.3	2.2	9.21	1.60	0.48	8	0.29
差值	3.2	0.3	2.55	0.02	0.05	1	−0.05

时间：2014/04/25。

2.2　空间电场对成苗时间的调查

表 2 给出了满足成苗对株高、叶片数要求的且株数超过 50%的调查时间，从时间角度考虑，空间电场的促生长作用可以满足提前成苗的要求，而且可以满足 5～7d 的提前量。

表 2　漂浮育苗空间电场与对照环境中烟苗成苗时间的调查

处理	播种时间（年/月/日）	成苗时间（年/月/日）
试验组	2014/01/26	2014/04/25
对照组	2014/01/26	2014/04/30

3　结论与讨论

（1）在漂浮育苗设施使用空间电场促生技术能够提高烟苗的生长速度和质量，可以提早 5d 以上达到壮苗标准。其原因应和空间电场调控钙离子、碳酸氢根离子的吸收和输运机理有关，也和空间电场空气氮肥化、根系水分微电解增加溶氧量的功能有关[1]。

（2）在漂浮育苗设施中使用空间电场促生技术将导致根冠比下降，其原因与空间电场导致根际环境氧含量提高、根系活力提高有关。在营养液栽培中根活力以及氧含量的提高将导致根毛减少，根冠比降低，空间电场恰恰增强了根际环境氧含量以及加强了根系与营养液之间交换碳酸氢根离子、钙离子方面的能力[2]。

参考文献

[1] 刘滨疆，雍红月．静电场促控植物生长条件的研究［J］．高电压技术．1998（4）：16－20.

[2] 刘滨疆，王晶莹，吴魁．静电场驱动离子系统在温室蔬菜生产中的作用机理［J］．农业机械，2001（3）：37.

附件 7

根系的空间电场增氧技术的研究

摘要： 大气电场作为影响植物生长的重要环境因子已经应用到生产实践中，现在广泛使用在农业领域的空间电场防病促生机已经开始在烟草领域应用。正向空间电场环境中漂浮在营养液面上的烟苗是接受正电荷失去负电荷的“导电体”，空间电场泄漏电流会由根系进入营养液，其根叶界面便会发生水分的微电解，进而根际环境中的营养液氧气浓度增加。溶氧浓度随着空间电场强度变化而变化，在液温 15～17℃时，溶氧可达到 3.8～5.7mg/L，而对照苗池在 3.6～5.3mg/L。空间电场消失后，水体溶氧量迅速降低，45min 浓度衰减接近对照。

关键词： 漂浮育苗　空间电场　水体溶氧　根系活力　水电解

0　引言

随着温室电除雾防病促生机推广实践，正向空间电场作为解决静液栽培根际环境缺氧问题的关键技术措施而在蔬菜无土栽培中开始了应用[1-2]。

在无土栽培中，因为空气的微弱导电性，处在正向空间电场环境中的植株会成为空气泄漏电流的导体，这一电流由布设于植物上方的电极线通过空气、植株流入土壤，当该电流从根系流入土壤、营养液中的时候会在根系与土壤溶液或根系与营养液形成的两相界面边界层内产生水分的微电解反应，其结果会导致根际环境中氧气浓度的提高，进而提高根系活力，这是正向空间电场环境中植物根系发达且活力高的一个基本原因。电极线与大地之间建立的空间电场类似于直流电晕电场，因空气存在着微弱导电性，由电极线通过空气、植物及根系流出的微弱电流可提高根际氧气含量，进而提高根系活力和抗病力。

在空间电场防病促生实践中，多名研究人员从空间电场的强度、电晕功率、电极布设方式等多方面研究了空间电场对植物生长的研究，确定了空间电场对植物生长和病害预防有着多方面的正向效应，并作为无公害、绿色 A 级、绿色 AA 级、有机蔬菜生产中植物病害物理预防的重要手段[3-4]。本研究从烟草漂浮育苗的角度总结了空间电场增氧技术的实际效果，肯定了空间电场作为营养液非循环漂浮育苗增氧技术手段的有效性。

1　材料与方法

1.1　试验地点

桐梓县分公司九坝育苗工场：1 152m^2/栋、16 厢/栋、17.10×3.24m/厢。

1.2　试验材料

育苗工场漂浮育苗温室：空间电场试验棚漂浮育苗池水为试验组、常规漂浮育苗池水为对照组（CK）。

烟草品种：南江3号。

测定仪器：溶氧计采用JPB－607A型便携式溶解氧测定仪1台；照度计1台；0～100℃玻棒温度计10只；1 000mL烧杯2个；蒸馏水1 000mL；滤纸。

1.3　试验设计

依照空间电场调控植物生长原理，空间电场系统的电极线悬挂在漂浮育苗池上方2.1～2.3m处，并在电极线上挂垂线电极，垂线电极放电头距苗盘1m。空间电场主机地线则与金属棚梁相接，金属棚梁则与营养液通过大地组成了接地极。空间电场在电极线与营养液之间建立起来。

在九坝育苗工场分别选用漂浮育苗空间电场试验棚作为试验组和常规漂浮育苗棚作为对照棚（CK）。空间电场系统选用工作15min停歇15min的间歇工作模式。营养液溶氧浓度的测定分为漂浮育苗池液体的直接测定和取500mL水样实时测定两种。

测定时间选定9:00至15:30，测定时记录液温和光照强度。

2　测试项目与方法

2.1　营养液池液体溶氧量的测定

选定试验和对照两组营养液池，记录时间、光照强度、液温。将溶氧量的测定值填入表1。

2.2　营养液取样样品的溶氧量测定

在选定的试验和对照两组营养液池内，各取500mL营养液置于1 000mL烧杯内。选定时间测定液温、溶氧量。将结果填入表2。

3　结果与分析

3.1　营养液池液体溶氧量的测定

表1　试验组与对照组营养液池液体溶氧量的测定（日期：2015年3月16日）

单位：mg/L

类别	9:00～9:10	11:00～11:10	13:00～13:10	15:00～15:10
试验组	5.7	3.8	4.2	4.7
对照组	5.3	3.6	3.8	4.0

注：营养液池液体温度：9:00为15℃、11:00为16℃、15:10为17℃。光照强度：5 600～7 400Lx。

由表1可知，通过对试验组和对照组池中液体溶氧量的监测，发现了试验组能够明显提高池中液体溶氧量，并且随时间有显著改变。从4次平均溶氧量来看，空间电场试验组为 4.6mg/L，对照组为 4.2mg/L，也就是空间电场试验组营养液的溶氧量要较对照组高 10%。

由表 1 还可以看到，空间电场试验组与对照组中液体溶氧量均随时间有显著变化，而且早晨最高，同时两栋温室池中营养液溶氧量均在中午前后呈现最低。这可能与烟苗的光合作用、同化作用以及液温有关。上午 11 点正是光合作用最旺盛的时间，根系呼吸作用也强烈，而早晨呈现的高值应和夜晚降温造成的呼吸作用减弱有关。下午 3 点以后的营养液溶氧量较中午有所增加则可能同环境气溶胶含量变化以及烟苗生理代谢减弱有关，空间电场试验组中营养液溶氧量增幅较大应受午后空气水分或气溶胶含量增加而导致空气泄漏电流增加有直接关系。这也从另一角度证实了带电雾滴可加快植物生长的观点。

既然现在装设的空间电场发生系统可以增加营养液溶氧量，那么任何能够影响空间电场对根际水分微电解影响的因素都会影响营养液的溶氧量，譬如建立空间电场的电源功率、电极线布设高度和方式等都可对营养液溶氧量产生影响。然而空间电场强度并不是能够无限提高的，实践已经证明空间电场系统形成的电晕放电过大会造成烟苗的电灼伤或电枯萎，因而，空间电场强度和电晕功率的选择应以适度为原则。

按照温室电除雾防病促生机的耗电量、库仑定律和水电解制氧化学方程式可以粗略估算出消耗的电量与氧气的产率。当植物群落在 1s 内接受了 1C 电量便可产生 0.058mL 氧气，而电量（Q）的多少与电流和时间有关，即 $Q=It$。对于植物，如果流过植株个体的电流超过 0.02μA，多数植物根茎就会损伤，因此设立的空间电场需要严格控制功率和单点放电量。

3.2 营养液取样样品的溶氧量测定

在试验组和对照组同时取 500mL 营养液置于 1 000mL 烧杯，分别测定营养液样品溶氧量的变化数值。结果见表 2。

表 2 试验组与对照组营养液池取样液体溶氧量的测定（日期：2015 年 3 月 16 日）

单位：mg/L

类别	9：00	9：15	9：30	9：45
试验组	5.7	5.6	5.6	5.5
对照组	5.3	5.3	5.3	5.4

注：液体温度：15～16℃。光照强度：5 600～7 400Lx。

由表 2 可知，试验组营养液溶氧散失速度较快，约 15min 就接近正常值 5.5mg/L，而对照组则相对稳定，并在 45min 时有微升，其原因与大气溶氧有关，同时也说明对照组的营养液呈现低氧状态。

结合表 1、表 2 可以看到，烟苗的生长对营养液中溶氧量影响强烈，也就是说，采用空间电场可以增加营养液的溶氧量，并可解决静态营养液（非循环营养液）的缺氧问题。

4　小结与讨论

温室电除雾防病促生机建立的空间电场可以用来作为漂浮育苗工场烟苗生长过程中营养液增氧措施。

在液温 15～17℃ 时，空间电场可使试验组营养液溶氧量达到 3.8～5.7mg/L，而对照组苗池则在 3.6～5.3mg/L。

对于漂浮育苗来讲，空间电场增氧能力可以通过调整电晕功率、电极线布设方式、气溶胶浓度进行调节。电晕功率越大、电极线距烟苗越近或空气湿度越大，则空间电场导致烟苗根系发生的微电解强度越强，营养液含氧量就越高，但空间电场用于在秧状态的营养液增氧不可无限制增大电晕功率，过大会引起根系、叶片的电灼伤，合适的空间泄漏电流大小需要进一步试验确定。另一方面，根际微电解的强度应与苗的高矮和几何形状有关，苗越高或者说苗越接近电极线则微电解越强烈，因此，设置可调高矮的电极系统是必要的。

常规烟草育苗营养液溶氧常呈现不足的状态，故任何增氧方式都会改善烟苗的氧环境，进而获得优质壮苗。

参考文献

[1] 刘滨疆，雍红月．静电场促控植物生长条件的研究［J］．高电压技术，1998（4）：16－20.

[2] 刘滨疆，王晶莹，吴魁．静电场驱动离子系统在温室蔬菜生产中的作用机理［J］．农业机械，2001（3）：37.

[3] 刘滨疆．空间电场调控技术在无公害农产品生产中的应用［J］．世界农业，2002（12）：39－41.

[4] 孙宗发，马俊贵．空间电场防病促生系统工作原理及性能试验［J］．农业工程，2013（1）：43－46.

附件 8

静电灭虫灯诱虫技术在漂浮育苗中的研究

摘要： 本文通过在贵州遵义桐梓县烟草公司九坝烤烟苗漂浮育苗工场的实地研究，证明了静电灭虫灯在诱虫效果方面有良好的效果。结果表明，静电灭虫灯能有效减少育苗室内的害虫种群数量；特别是对菌腐类微小飞翔昆虫和斜纹夜蛾的诱杀效果好。另一方面，也证实了在棚室内安装光色双诱的灭虫灯能将棚外的昆虫引诱到棚室内，反而造成更严重的虫害。为此，只有棚室的防虫网和门的隔离虫结构均完好才可挂灯防虫。

关键词 漂浮育苗 静电灭虫灯 烟草虫害 物理植保

0 引言

漂浮育苗又叫漂浮种植，是一项新的育苗方法，是将装有轻质育苗基质的泡沫穴盘漂浮于水面上，种子播于基质中，秧苗在育苗基质中扎根生长，并能从基质和水床中吸收水分和养分的育苗方法。20 世纪 80 年代后期美国烟草种植首先采用漂浮育苗法进行育苗，并于 20 世纪 90 年代中后期引入中国。漂浮育苗技术的优点是人为能最大限度地控制烟苗生长所需的肥力、温度、水分等环境因子；培育出的烟苗根系发达、生长整齐、壮苗率高；田间卫生条件好，病、虫、杂草对烟苗的危害轻，移栽后烟株生长快，长势整齐，移栽时可节省劳力，加快移栽进度，减少农药污染和肥料用量。具有减少育苗投入、减轻劳动强度、降低育苗成本、缩短育苗期、确保烟苗整齐一致、减轻病虫发生、移栽后抗逆性强等特点，深受烟农欢迎，并迅速在全国大面积推广[1-3]。但近年来漂浮育苗过程中虫害种类不断增多、危害程度逐年加重，严重阻碍了该项技术的应用推广。

目前，育苗害虫防治主要以杀虫剂为主，但长期大量地使用化学试剂杀虫，不但污染了水质和大气，还残留污染烟苗，对人类造成伤害；同时长期施药会导致害虫抗药性的产生，引起害虫的再次发生，防治效果不理想[4-6]。因此需要一个无毒害的害虫防治技术，这就是物理防虫技术。而静电灭虫灯诱虫技术具有杀虫种类多、杀虫效率高、节能、环保、简单易行等优点，是一种优秀的物理防虫技术。本文研究了静电灭虫灯诱虫技术对烟草漂浮育苗虫害的诱杀效果，以期明确静电灭虫灯的应用规范。

1 材料与方法

1.1 试验地概况及材料

本次试验位于贵州遵义市桐梓县烟草公司九坝烤烟苗漂浮育苗工场，育苗棚为同一规格，单栋育苗室面积为 1 024m^2，内有 8 个育苗厢，每厢长宽为：长 30m、宽 3.6m。试验前对育苗室进行了正常的消毒灭菌，静电灭虫灯型号为 3DJ－200 型多功能静电灭虫灯。

1.2　试验设计

2014 年 2 月 21 日开始布灯，4 月 26 日收灯。分别选择 3 栋位置、环境相近的育苗室。首先漂浮育苗设施必须有防虫网做通风口的全面围护，并且过渡间门为可关闭。设置其中一栋为试验组，其他两栋为对照组。

试验组：其中一栋育苗室安装静电灭虫灯，一共安装 5 盏，安装位置为 4 个角落各一盏，正中心一盏，高度为烟苗上方 0.5m 处。

对照组：其他两栋为对照育苗室，试验时间内不喷施任何化学杀虫剂，除不进行布灯以外，其他条件与试验组相同。

1.3　试验实施

1.3.1　育苗室内斜纹夜蛾和其他有翅害虫数量调查

调查时间为 4 月 21 日到 4 月 25 日，调查方法采用定时定点在育苗室内挂静电灭虫灯采集害虫数量，将静电灭虫灯收集袋的虫子转移带回整理，记录数量和种类。其中试验组每天进行一次诱捕调查，对照组在试验时间的最后一天即 4 月 25 日进行一次诱捕调查，诱捕时间为晚上 6：00～10：00。挂灯位置为育苗室中央位置。

1.3.2　育苗室内蚜虫和其他微小有翅害虫数量调查

调查时间为 4 月 23 日到 4 月 25 日，调查方法采用黏虫黄板采集方法进行调查，记录黏虫黄板上虫子的数量和种类。其中试验组每天进行一次诱捕调查，对照组在试验时间的最后一天即 4 月 25 日进行一次诱捕调查，诱捕时间为 1d。黏虫黄板的放置位置为每盏静电灭虫灯的下方。

1.3.3　试验组和对照组育苗室处理方法

采取对试验组育苗室及时清除外界干扰因素的方式来进行试验。外界干扰因素指的是由于棚室的漏洞、防虫网损坏以及棚室大门漏隙等引起的棚内害虫数量变化的因素，在试验过程中如试验组棚室发现干扰因素应立即除去。

2　结果与分析

2.1　试验组与对照组诱杀害虫数量比较

多功能静电灭虫灯诱杀害虫的监测结果见表 1，其中检测方法按 1.3.1 方法执行。

针对检验灭虫灯灭虫效果进行的黏虫黄板诱杀微小害虫监测结果见表 2，其中检测方法按 1.3.2 方法执行。

表 1　静电灭虫灯诱杀害虫的数量

试验日期（月/日）	试验组		对照组 1		对照组 2	
	斜纹夜蛾（只/栋）	其他有翅害虫（只/栋）	斜纹夜蛾（只/栋）	其他有翅害虫（只/栋）	斜纹夜蛾（只/栋）	其他有翅害虫（只/栋）
4.21	1	3	—	—	—	—
4.22	0	4	—	—	—	—
4.23	0	3	—	—	—	—
4.24	0	0	—	—	—	—
4.25	0	0	3	9	4	11

注：4 月 23 日是棚室防虫修补日。

表 2　黏虫黄板诱杀微小害虫的平均数量

试验日期（月/日）	试验组		对照组 1		对照组 2	
	蚜虫（只/张）	其他微小有翅害虫（只/张）	蚜虫（只/张）	其他微小有翅害虫（只/张）	蚜虫（只/张）	其他微小有翅害虫（只/张）
4.23	0	1	—	—	—	—
4.24	0	0	—	—	—	—
4.25	0	0	0	15	0	16

注：4 月 23 日是棚室防虫修补日。

由表 1、表 2 可以看到，4 月 21 日和 22 日的数据是试验组棚室漏洞修补之前的测定数据，4 月 23 日的数据是试验组防虫网、棚室大门漏隙修补完成后第一天的测定数据，4 月 24 日和 25 日的数据是在完全良好隔离的棚室内的测定数据。通过诱杀的害虫数量上分析可以看出，试验组 4 月 21 日和 22 日两天棚室修补前，可以诱杀到少量害虫，其中大型趋光害虫数据变化大，分析其原因是棚膜和防虫网有许多漏洞，在灭虫灯灯光的引诱下钻入棚中引起的。4 月 23 日和 24 日试验组修补完棚室后诱杀的害虫数量迅速降低。4 月 25 日试验组修补完毕，良好隔离的棚室内诱杀的害虫数量为 0，远远低于对照组棚室内诱杀的害虫数量。说明在良好隔离的育苗室内放置灭虫灯对危害烟苗的害虫成虫诱杀效果较显著，能有效地将害虫数量降到最低。

2.2　试验组和对照组诱杀害虫种类比较

2.2.1　灭虫灯诱杀害虫种类

表 1 的数据调查用灭虫灯诱杀害虫，是利用害虫的趋光性、趋色性，其中试验组捕集到的害虫有斜纹夜蛾，其他有翅害虫包括营腐双翅目类昆虫、鞘翅目类昆虫。对照组 1 和 2 捕集到的害虫有斜纹夜蛾，其他有翅害虫包括营腐双

翅目类昆虫、鞘翅目类昆虫。

2.2.2　黄板诱杀害虫种类

表 2 的数据是育苗室防虫修复后黏虫黄板诱杀的害虫，黏虫黄板诱杀的害虫种类是检验静电灭虫灯诱杀育苗室微小害虫效果的重要评估依据。从表 2 诱捕的害虫种类分析得出，主要是营腐类双翅目昆虫，还有部分鞘翅目昆虫，但捕集到的微小害虫内未发现蚜虫。

2.2.3　营腐类昆虫的发生原因分析

从表 2 黏虫黄板捕捉的昆虫种类来看，试验组营腐类昆虫数量稀少，但对照组的数量较多，这说明采用物理防治虫害集成技术的试验组极少发生烟苗根腐病、猝倒病等根茎病害，进而发生营腐类昆虫的概率降低。

3　结论与讨论

本次试验表明静电灭虫灯不但能大量杀灭育苗室内的飞翔类害虫如斜纹夜蛾等双翅目类昆虫、鞘翅目类昆虫等，还能杀灭育苗室内的营腐类微小飞翔昆虫。其在密闭良好的育苗室内灭虫率能达到 80%以上，从而明显降低虫口密度，切断病原的传播途径，是一种有效的物理防虫措施。静电灭虫灯的实践应用对于减少化学农药的用量，减少人工费用，推行无公害烟叶生产有着重要的实践意义。

静电灭虫灯的灭虫效果还与很多因素有关，比如棚室的漏洞、防虫网损坏以及棚室大门漏隙都会导致外界害虫的迁入，从而影响静电灭虫灯的灭虫效果。因此在生产过程中应及时对育苗室漏洞进行检查和修补，使育苗室始终保持密闭效果[7-8]。

长期使用静电灭虫灯可以降低育苗室内虫口密度，减少害虫对烟苗的危害，减少农药的使用成本。

使用静电灭虫灯安全而且环保，一次性投入可以长期使用。同时与其他诱虫灯相比，静电灭虫灯不但能诱杀大型飞虫，还可以诱杀微小型害虫，有着更广泛的应用空间。

参考文献

[1] 杨洪璋，文礼章，杨柳，等．太阳能灭虫灯在宁乡晒烟田的诱虫效果及其与气象因子的关系研究 [J]．华中昆虫研究，2011：45－55.

[2] 李兴勇，刘春明，肖俊华，等．频振式杀虫灯对红河州烟田害虫的诱杀效果 [J]．农业灾害研究，2015，5 (1)：9－10，15.

[3] 黄贵平，杨林．可持续植物保护可持续农业的重要科技支撑 [J]．贵州农业科学，2003，31 (3)：75－77.

[4] 范进华，梁保德．烟叶主要害虫生态管理（EPM）技术研究 [J]．中国烟草学报，2010，16 (4)：98－102.

[5] 沈佐锐．昆虫生态学及害虫防治的生态学原理［M］．北京：中国农业大学出版社，2009.
[6] 冯忠民．利用陪植植物防治作物害虫［J］．植保技术与推广，1999，17（2）：37－38.
[7] 史志宏，王佳．美国烟草漂浮育苗技术（二）[J］．作物研究，2000，31（3）：33－34.
[8] 单沛祥，杨锦芝，方建明，等．烤烟漂浮育苗技术研究初报［J］．中国烟草科学，1994（4）：20－23.

附件 9

农业废弃物燃烧制肥机的肥效研究

摘要：根据农业废弃物燃烧制肥机的制肥原理，本文主要就陶粒栽培的韭菜、水萝卜和土壤栽培的黄瓜，总结了大豆、玉米秸秆、含有草籽的野草作为废弃物经燃烧获取的烟气液体肥与草木灰混合使用的效果，确定了大豆燃烧形成的浓缩型烟气液体肥促进生长效果最佳，增产达 57%以上，草籽野草燃烧形成的直用型肥料增产达 30%以上，玉米秸秆燃烧获取的直用型液体肥也有很好的增产效果，其增产幅度在 17%以上。

关键词：农业废弃物　秸秆　草籽　燃烧　烟气　肥料

1　肥料选用

采用 NR－3 型农业废弃物燃烧制肥机制取的肥料属于“三态肥”，即草木灰、烟气液体肥、二氧化碳气肥。烟气液体肥如按使用方便性分类，则为两大类：直用型烟气液体肥、浓缩型烟气液体肥，见表 1。烟气液体肥如按农业废弃物含氮量划分，则分为三大类：①玉米秸秆燃烧烟气吸附肥；②野草（含有草籽）燃烧烟气吸附肥；③大豆燃烧烟气吸附肥。

表 1　烟气液体肥原液标准

肥型	比重（g/cm^3）	pH	EC（$\mu S/cm$）
直用型	1.0～1.05	6.5～7.5	50～1 000
浓缩型	＞1.05	＜6.5	1 000～30 000

实际生产中，建议采用表 1 方式施肥，施肥方法和量可参照《NR－3 型农业废弃物燃烧制肥机操作规程》进行。

2　供试品种与肥效试验结果

分别为叶菜类的韭菜、根菜类的水萝卜、果菜类的黄瓜。其中，前两者采用陶粒栽培，黄瓜为常规的土壤栽培。肥效试验结果见表 2。

表 2　“烟气液体肥＋灰分”肥性试验结果

单位：kg/m^2

肥型			韭菜（陶粒）茬		水萝卜（陶粒）		黄瓜（土壤）	
			试验	CK	试验	CK	试验	CK
玉米秸秆	直用型＋灰分	1	0.93	0.73	0.45	0.34	0.92	0.83
		2	0.98	0.78	0.48	0.38	1.21	0.89
		3	1.08	0.74	0.52	0.37	0.84	0.80
		均值	1.00	0.75	0.48	0.36	0.99	0.84
		增加率	32.9%		33.3%		17.8%	

（续）

肥型			韭菜（陶粒）茬		水萝卜（陶粒）		黄瓜（土壤）	
			试验	CK	试验	CK	试验	CK
野草（含有草籽）	直用型＋灰分	1	1.06	0.73	0.48	0.34	1.13	0.83
		2	1.00	0.78	0.50	0.38	1.32	0.89
		3	1.20	0.74	0.44	0.37	1.18	0.80
		均值	1.09	0.75	0.47	0.36	1.21	0.84
		增加率	45.3％		30.5％		44.0％	
大豆	浓缩型＋灰分800倍	1	1.16	0.73	0.68	0.34	1.34	0.83
		2	1.14	0.78	0.68	0.38	1.48	0.89
		3	1.24	0.74	0.70	0.37	1.22	0.80
		均值	1.18	0.75	0.69	0.36	1.35	0.84
		增加率	57.3％		91.6％		60.7％	

注：CK：陶粒栽培采用的营养液为荷氏标准配方，土壤为常规施用化肥。

由表2可以得出，由玉米秸秆、野草（含有草籽）燃烧形成的直用型液体肥与草木灰混合的肥料、大豆燃烧形成的浓缩型液体肥与草木灰混合的肥料增产效果普遍好于传统营养液配方肥和土壤栽培。韭菜增产幅度尤其明显，分别为32.9％、45.3％、57.3％；水萝卜为32.9％、30.5％、91.6％；黄瓜为17.8％、44.0％、60.7％。

3 讨论

玉米秸秆作为燃烧制肥原料具有生态环保和资源再利用的经济与社会价值，其烟气液体肥与草木灰的结合或许对叶菜、根菜和果菜类蔬菜增产具有普遍意义。从试验结果来看，玉米秸秆燃烧制取的肥料效果温和稳定，可全面推广至植物种植领域。

野草（含草籽）作为燃烧制肥原料较玉米秸秆燃烧肥性能好一些，可能是其籽粒含氮磷较高的原因。

大豆是一神奇的植物种子，与玉米、水稻和豌豆籽粒的生物物理学特性和成分有着很大差异。大豆燃烧物制取的肥料除了氮、磷、硫含量丰富以外，可能还存在着一些活性成分，这从水萝卜的增产幅度可以看到，是否有刺激根系膨大的成分产生有待于进一步研究。

附件 10

漂浮育苗病虫害物理防治集成技术研究与应用

摘要： 为解决漂浮育苗病虫害防治对化学药剂的过度依赖，提高烟苗的质量和安全性，降低管理成本，于 2013 年在九坝育苗工场内开展漂浮育苗病虫害物理防治集成技术研究与应用项目，试验结果表明：①静电除雾防病促生系统在促进根系发育和烟苗生长上起到一定作用；②利用 2DJ－200 型静电灭虫灯采取的物理防治技术能有效降低育苗棚各区域内虫口数量；③原子氧喷系统对 TMV、CMV、PVY、灰霉病等病原有一定的抑制作用，与烟株田间发病率有直接关系；④漂浮育苗病虫害物理防治集成技术对烟株田间生长作用不明显。

本项目通过对育苗物资物理消毒设备及技术、烟苗剪叶机物理消毒配套设备及技术的研究与开发，旨在对育苗物资及剪叶工具进行消毒，同时利用温室电除雾防病促生机和静电灭虫灯降低烟苗病虫害、促进烟苗生长，并将以上技术集成一套能逐渐替代化学农药的漂浮育苗设施专用物理防治集成体系，最终实现漂浮育苗安全、环保、清洁生产，促进烟草可持续发展。

1　材料与方法

1.1　地点与材料

项目落实在桐梓县九坝镇山堡育苗工场内，试验苗棚长宽为 36m×32m，占地 1 152m^2。

根据育苗大棚面积安装 3DFC－450 型温室电除雾防病促生系统，利用系统产生空间电场消除育苗棚内雾气、降低苗棚空气及基质表面湿度、空气微生物等微颗粒，消除育苗棚内环境的闷湿感，建立空气清新的生长环境，减少空气传播病害的发生率。

安装 2DJ－200 型静电灭虫灯，对趋光趋色的飞翔类害虫，如有翅蚜虫、蓟马等进行有效诱杀。

利用原子氧喷系统对空气进行电离杀灭剪叶过程中带来的真菌病、病毒病原物，降低化学农药使用率，减少农药残留。

1.2　试验设计

九坝育苗工场内用 1 个育苗大棚用于各项系统的安装与示范处理，其相邻育苗棚采用常规育苗方式作对照。

苗期结束后，将处理组与对照组烟苗移栽至大田，每个处理约 2 亩，作田间对照观察。

1.3　调查记载

苗期分别于剪叶和移栽前，对处理组与对照组烟苗茎围、茎高、叶片数、根鲜重及根干重进行调查。处理组与对照组苗棚利用黄板对苗棚内虫口数进行调查。

成苗期取处理组与对照组南江3号与云烟97品种烟苗送至贵州省农业科学植物保护研究所进行检测，统计不同处理烟苗TMV、CMV、PVY、灰霉病、炭疽病、立枯病、猝倒病病原数量。

记载烟株大田移栽后不同时间农艺性状与病害发生情况。

2　中期结果

2.1　温室静电除雾防病促生系统对苗期生理指标的影响

根据对烟苗不同时期生理指标的比较，表现出静电除雾防病促生系统能有效增加根系吸收能力，对烟苗根系发育、生长发育起到促进作用。

从表1、表2可看出，处理组在苗期不同时段中，各项生理指标较对照组都有所提高。其中剪叶时期根干重、叶长两个指标处理组与对照组差距较为突出，成苗期处理组比对照组叶片数平均多0.59片，茎围高0.35cm，茎高为0.39cm，根鲜重与根干重均高于对照。

表1　剪叶前生理指标

处理	叶片数（片）	叶长（cm）	叶宽（cm）	茎围（cm）	茎高（cm）	根鲜重（g）	根干重（g）
处理组	6	15.9	6.76	1.57	1.77	0.76	0.244
对照组	5.7	13.4	6.21	1.36	1.75	0.71	0.178
差值	0.3	2.5	0.55	0.21	0.02	0.05	0.066

表2　成苗期生理指标

处理	叶宽（cm）	茎围（cm）	茎高（cm）	根鲜重（g）	根干重（g）
处理组	6.81	2.14	4.37	1.48	0.32
对照组	6.22	1.79	3.98	1.11	0.25
差值	0.59	0.35	0.39	0.37	0.07

2.2　物理防治技术对虫口数的影响

对于设施内害虫的防治，现在的方法是在传统的基础上添加2DJ－200型静电灭虫灯以代替原有黄、蓝板。根据同期采取五点调查的方式，得出表3数据，说明2DJ－200型静电灭虫灯对趋光趋色的飞翔类害虫，如有翅蚜虫、蓟马等能进行有效诱杀。

从数据可见，育苗棚内黄板 1、2、4、5 调查点由于处在苗棚进出口的关系，虫口数表现出较高水平。但处理组棚内各点虫口数仍低于对照棚 132 头，棚内虫口数下降 42.9%。

表 3　苗棚虫口数比较

处理	黄板 1（头）	黄板 2（头）	黄板 3（头）	黄板 4（头）	黄板 5（头）	合计（头）
处理组	39	41	23	28	45	176
对照组	46	58	31	75	98	308
差值	−7	−17	−8	−47	−53	−132

2.3　原子氧喷系统（剪叶机配套物理消毒设备）对烟苗病原的影响

根据对成苗期烟株病原的送样检测结果，处理组苗棚不同品种对于目前烟苗常见病害的带毒量（率）均低于对照。从表 4 得出，处理与对照都未发现猝倒病与炭疽病原，从发现的病菌中，南江 3 号的立枯丝核病原处理组较对照组平均低 1 000 个单位，云烟 97 处理组较对照组低 666.67 个单位；南江 3 号的处理组的灰霉病菌较对照组 2 000 个单位，云烟 97 处理组较对照组低1 666.67 个单位；南江 3 号处理组 TMV 带毒率较对照组降低 20 个百分点，云烟 97 处理组 TMV 带毒率较对照组降低 10 个百分点，且未发现 CMV 与 PVY。由此可见，原子氧喷系统能有效降低烟苗带病率，对病害的防治起到一定的作用。

表 4　成苗期烟苗病原检测结果

处理		带菌量（cfu/g）				带毒率（%）		
		立枯丝核病菌	灰霉病菌	猝倒病菌	炭疽病菌	TMV	CMV	PVY
南江 3 号	处理组一	2 000.00	2 333.33	0	0	10	0	0
	对照组一	3 000.00	4 333.33	0	0	30	0	0
云烟 97	处理组二	3 000.00	3 333.33	0	0	10	0	0
	对照组二	3 666.67	5 000.00	0	0	20	0	10

2.4　不同处理移栽后农艺性状调查分析

根据不同处理移栽后主要农艺性状及发病情况的调查，处理组与对照组各项农艺指标变化无显著规律。但从发病情况来看，受成苗期带毒率的影响，不同时期 TMV 病株率，处理组都低于对照组。

从表 5 数据看出，移栽后 30d 时，处理除叶片数较对照低 0.3 片外，其余株高、最大叶长等指标均高于对照，移栽后 60d 处理组除茎围较对照组高 0.68cm，其余调查指标均低于对照组，栽后 90d，处理组各项农艺性状指标均高于对照组。从病株率来看，处理组与对照组发病情况都与栽后时间呈递进关系，处理组病株率在 30d 时低于对照组 13.4%，60d 时低于对照组 11.7%，90d 时低于对照组 11.7%，差异较大。

表 5　不同时期农艺性状与病株率

调查时期	处理	株高（cm）	叶片数（片）	最大叶长（cm）	最大叶宽（cm）	茎围（cm）	TMV 病株率（%）
栽后 30d	处理组	11.47	7.7	32.8	13.85	3.77	1.6
	对照组	9.82	8	31.52	14.07	3.51	15
栽后 60d	处理组	40.4	16.8	60.6	33.68	8.8	6.6
	对照组	44.4	17.6	66.8	33	9.74	18.3
栽后 90d	处理组	82.2	17.8	65.62	34.08	10.24	8.3
	对照组	80.6	17.6	64.14	32.4	10.14	20

2.5　产值、量分析

通过对不同处理组产值、量调查分析，由于发病率的关系，处理组在各项经济指标上均表现较好，其中亩产量高出对照组 5.5kg，亩产值高出 170.21 元，均价每千克高出 0.28 元，上等烟率提高 5.63 个百分点。

表 6　经济性状调查

处理	产量（kg/亩）	产值（元/亩）	均价（元/kg）	上等烟率（%）	中等烟率（%）
处理组	135.4	3 295.60	24.34	56.04	43.96
对照组	129.9	3 125.39	24.06	50.41	49.59

3　讨论

利用静电除雾防病促生系统能有效地消除育苗棚内雾气、降低苗棚空气及基质表面湿度、空气微生物等微颗粒，彻底消除育苗棚内环境的闷湿感，建立空气清新的生长环境。特别在增强烟苗根系吸收能力、促进根系发育上能起到一定作用，有助于烟苗前期的生长发育。

利用 2DJ－200 型静电灭虫灯采取的物理防治技术能有效降低育苗棚各区域内虫口数量，对趋光趋色的飞翔类害虫，如有翅蚜虫、蓟马等能进行有效诱杀。

原子氧喷系统对 TMV、CMV、PVY、灰霉病、炭疽病、立枯病、猝倒病病原有一定的抑制作用，处理不同品种烟苗在成苗期带病率均低于对照，并对烟株田间发病率产生直接影响。

处理组与对照组田间生长指标数据变化无规律性，说明漂浮育苗病虫害物理防治集成技术对于烟株生长作用不明显。但由于原子氧喷系统对病原控制，田间发病率处理组低于对照组，且效果明显。

由于田间发病率的影响，在经济性状上，处理组表现较好，各项指标均高于对照组，亩产量增加4.23%，亩产值增加5.44%，均价提高2.41%，上等烟率提高5.63个百分点。

附件 11

烤烟带电育苗病虫害与生长的调查

摘要：利用双层带电育苗技术，研究其对烟苗育苗期间常见的病虫害预防效果以及对苗的生长状况的影响。结果表明：带电育苗对根茎类和气传病害有预防效果。其烟苗长速度快，能有效缩短成苗时间、提高烟苗质量；对于底层，有无补光和营养液碳酸氢根离子浓度高低均对带电预防白粉病效果有大的影响，对调控生长效果影响显著。带电育苗时底层补光并在原液中添加碳酸氢钾或在环境中增施烟气二氧化碳，预防白粉病效果理想。在蚜虫密集环境中，带电育苗上、下层仍然不能有效驱避蚜虫危害，为此在带电育苗过程中使用物理植保液防治蚜虫危害是十分有效的。

关键词：带电育苗　带电栽培　静电场　病虫害　电晕放电　光合作用

0　引言

从世界农业中长期发展趋势来看，制约农业发展的主要问题有三个方面：一是农药大量使用带来的食品安全、烤烟农药残留问题；二是化肥的大量使用带来的烟草、果蔬品质低劣和土壤环境问题；三是日益增加的安全型烤烟的需求以及人口对农产品产量的需求。前两者与化肥和农药的减施为同一问题的不同表述，是世界农业科技和生产方式的发展趋势，其最显著的技术标志是以替代或减施化肥和农药为目标的现代物理农业技术。现代物理农业以物理植保技术、物理增产技术为核心，推动着全球农业化学品减施计划的实施。物理植保技术在解决植物全生育期病虫害方面已经取得了诸多成熟可靠的，以温室电除雾防病促生机为载体的空间电场防病促生技术解决了植物气传病害和一些土传病害的预防问题，并替代了部分氮肥的施用，土壤电灭虫技术替代了诸多化学类土壤消毒剂，解决了根结线虫病的危害问题，物理植保液替代杀虫剂解决了蚜虫、红蜘蛛等聚集性虫害的绿色防治问题，防虫网与灭虫灯的结合又显著杜绝或减施了化学杀虫剂的使用。农业废弃物燃烧制肥技术的诞生奠定了循环经济的发展、农业环保、减施化肥、设施农业高产的洁净农业平台，为无土栽培、植物工厂、家庭农业提供了包括草木灰（灰分）、烟气液体肥、二氧化碳三种植物源肥料，为替代和减施化肥提供了新的技术方法[1]。在物理农业与洁净农业技术发展过程中，病虫害防治的物理集成技术体系实践水平提高很快，已能做到了设施蔬菜生产完全不用农药就能确保植物生产中免遭病虫害的危害，不过集成体系中各设备工作的稳定性、高投资、建设的复杂性影响了集成技术的推广应用[2]。为此，很多学者都在探讨更加简易的农药与化肥减施措施，带电栽培的物理植保与物理增产原理的建立以及技术的实践降低了物理植保的费用并提高了工作稳定性，也正是在此基础上才将带电栽培技术引入烤烟育苗领域，并就带电育苗以及配套的物理植保技术效果进行观察和研究。

1　材料与方法

烤烟带电育苗是将漂浮育苗与带电栽培技术相结合产生的一种新的烤烟烟苗育苗模式。带电育苗技术设施包括带电育苗机以及配套的物理植保装备和材料，研究该种育苗模式以期获得良好的植保和壮苗效果，为此将带电育苗设施安置于蚜虫繁殖专用温室，确定其预防蚜虫的能力和有效方式。

1.1　试验设施

试验地概况：调查项目落实在桐梓蚜虫繁殖温室内，棚内蚜虫无以计数。

带电育苗设施：设置了 6 套 2DZ－70 型双层带电育苗机，每套带电栽培设施几何尺寸为长×宽×高：3 000mm×2 990mm×2 729mm，单机 2 层装 70 盘。工作方式：发芽阶段采用间歇工作模式，即每工作 15min 停歇 15min，循环往复。生长阶段采用恒定工作模式，并配置了物理植保液、光合作用增效粉等物理植保措施。

1.2　试验仪器

二氧化碳测定仪、照度计、溶解氧测定仪、电导率测定仪、电子天平、干湿球湿度计、直尺等。

2　调查项目与方法

调查项目包括：叶面病虫害、根茎病害；苗间二氧化碳吸收率、营养液 pH、营养液溶解氧、营养液电导率；成苗期的测定；环境湿度；配套物理植保方法应用效果。

2.1　叶面病虫害、根茎病害的调查

2.1.1　叶面病虫害

调查分为底层和上层两部分。底层分为补光与自然光两部分。病虫害调查以成片性为主，1/3 盘面染病或带虫视为全盘染病或带虫，单机每层 1/3 盘染病或带虫为全层染病或带虫。调查结果填入表 1。

2.1.2　配套物理植保作业效果

采用带电栽培配置的物理植保液、光合作用促进粉配置的多功能植保液喷施蚜虫侵害的烟苗、白粉病侵染的烟苗，隔天调查蚜虫危害防治效果，3d 后调查白粉病发病情况。结果填入表 2。

2.1.3　根茎病害

调查分为底层和上层两部分。底层分为补光与自然光两部分。根茎病害调查以成片性为主，1/4 盘面染病全盘染病，单机每层 1/4 盘染病为全层染病。调查结果填入表 3。

2.2 理化指标调查

调查分为底层和上层两部分。底层分为补光与自然光两部分，调查理化指标时记录时间、光照强度、环境温湿度。苗间二氧化碳吸收率的测定：将二氧化碳测定仪放入漂盘表面上、苗叶下记录二氧化碳浓度；采用 SX－620 型笔式 pH 计测定营养液 pH；采用 JPB－607A 便携式溶解氧测定仪测定上下层营养液溶解氧；采用 SX－650 型笔式电导率计测定营养液电导率的测定。结果填入表 4。

2.3 成苗期的测定

烟苗达到适栽和壮苗标准，可进行移栽的日期，记载标准为全机 50%幼苗达到适栽和壮苗标准时的日期。其测量指标按照《烟草集约化育苗技术规程 第 1 部分：漂浮育苗》（GB/T 25241.1—2010）的相关规定确定，如苗龄 55～75d，单株叶数 6～8 片，茎高 10～15cm，茎围 1.8～2.2cm。烟苗健壮无病虫害，叶色正绿，根系发达，茎秆柔韧性好，烟苗群体均匀整齐。其中苗龄可因设施的环境控制水平而发生较大的变化，标准中的苗龄规定可适当放至 50～75d。调查结果填入表 5。

2.4 环境湿度

环境湿度测定分为上、下层中央正上方（测量点与收虫电极等高）、距离带电育苗机外扩 20cm 处（与机内上、下层测定湿度点等高）调查结果填入表 6。

3 结果与分析

3.1 叶面病虫害

按照 2.1.1 节“叶面病虫害”给出的调查方法，在带电育苗设施的人工补光与非补光条件下，进行了常规病害（灰霉病等）、白粉病、蚜虫感染情况调查，其结果如表 1。

表 1 带电育苗机烤烟苗叶部病虫害调查结果

位置	机号	自然光			上层自然光（底层补光）		
		常规气传病害	白粉病	蚜虫	常规气传病害	白粉病	蚜虫
上层育苗盘	1	0	0	35	0	0	35
	3	0	0	35	0	0	35
	5	0	0	35	0	0	35
底层育苗盘	1	0	35	35	0	23	35
	3	0	35	35	0	17	35
	5	0	35	35	0	26	35

由表 1 带电育苗病虫害的调查结果可以看出，灰霉病、炭疽病等常见植物

气传病害均未发生。这一结果与其他植物带电育苗情况相同；由蚜虫感染调查结果可以看出在蚜虫虫口数呈现高密度的饲养温室内，上层、底层带电育苗预防蚜虫危害效果不佳。这一结果也与其他植物带电育苗感染情况相似，原因有三个：一是生产期间要经常性断电从事农事活动。二是苗内部或叶片下面的地方都属于物理学描述的静电屏蔽区域，这一区域一旦感染了蚜虫，带电与否都不会影响蚜虫的生活活动。三是带电育苗机的电极结构会在带电的情况下电离空气产生大量的二氧化氮，植物叶片呈现富氮营养化，这样一来更加招引蚜虫聚集；由苗盘白粉病发病情况调查结果可以看出，上层带电育苗未发生白粉病，而底层带电育苗无论补光与否都会发生白粉病，只是补光条件下要较非补光时发病程度低一些。这一调查结果也与蔬菜多层带电栽培的底层秧苗易于发生白粉病的现象一致，说明光照强度对带电植物的白粉病发病态势影响很大。另一方面，从白粉病传播的病原来源来看，栽培基质是一主要来源，栽培基质的灭菌消毒仍然存在着很大纰漏。

3.2　配套物理植保液作业效果

鉴于带电栽培和烟草带电育苗发生的同一种现象，带电育苗设施在安置带电育苗机时就配置了物理植保液和光合作用促进粉用于预防蚜虫危害和降低白粉病发病程度。按照 2.1.2 节“配套物理植保作业效果”的调查方法，实施了物理植保液灭蚜虫、“物理植保液＋光合作用增效粉”预防白粉病效果的调查。其调查结果见表 2。

表 2　带电育苗设施配套物理植保作业效果的调查结果

位置	机号	自然光		上层自然光（底层补光）	
		白粉病	蚜虫	白粉病	蚜虫
上层育苗盘	1	0	0	0	0
	3	0	0	0	0
	5	0	0	0	0
底层育苗盘	1	16	0	2	0
	3	7	0	2	0
	5	11	0	3	0

由表 2 所示的调查结果表明，带电育苗机配套的物理植保液对带电育苗感染蚜虫的防治率接近 100％。由带电育苗机底层白粉病发病状况的调查结果可以看出，“物理植保液＋光合作用增效粉”的组合对预防白粉病有效，但效果仍然欠佳。然而从“物理植保液＋光合作用增效粉”与光照结合组的白粉病调查结果可以看出，三者结合对抑制白粉病的发生有显著效果。

3.3 根茎病害

按照 2.1.3 节“根茎病害”的调查方法，针对带电育苗机烤烟苗根茎病害的发生情况进行调查，结果如表 3。

表 3 带电育苗机烤烟苗根茎病害调查结果

位置	机号	自然光	上层自然光（底层补光）
上层育苗盘	1	0	0
	3	0	0
	5	0	0
底层育苗盘	1	0	0
	3	0	0
	5	0	0

由表 3 给出的带电育苗根茎病害发生情况可以看出，带电育苗未发生任何根茎病害。这一结论与其他植物的带电栽培结果一致，其原因与带电育苗的营养液溶氧量、空气成分变化、湿气运动方式及光合作用加强等有关，也可能与根茎病害病原物的物理辐射、物理化学氧化耐性有关。

总之，带电育苗通过电离空气产生强氧化剂，这些强氧化剂与烟苗组织分泌的液态物质如黄酮类化合物和阿魏酸等，气态物质如乙烯、豆甾醇等有机物质发生反应，其反应产物多种多样，但以碳氢化合物、二氧化碳和氧气为主。这些反应后的产物不但会对烟苗生理活动产生影响，还会对环境中其他生物产生影响。

3.4 理化指标调查

依据 2.2 节“理化指标调查”给出的调查方法调查与带电育苗机工作相关的理化指标，其结果见表 4。

表 4 带电育苗机相关理化指标的调查

调查日期为 2015 年 4 月 27 日　　　　机器状态：底层补光

位置	机号	时间	照度 (Lx)	CO_2 (10^{-6})	pH	EC (μS/cm)	O_2 (mg/L)	液温 (℃)
上层育苗盘	1	10：35～11：10	6 700	300	6.0	1 700	4.43	21
	3	10：35～11：10	6 700	300	6.1	1 670	4.54	21
	5	10：35～11：10	6 700	300	5.8	1 690	4.44	21
底层育苗盘	1	10：35～11：10	4 500	312	6.4	2 000	4.53	19
	3	10：35～11：10	4 500	310	6.2	1 800	4.72	19
	5	10：35～11：10	4 500	312	6.5	1 890	4.58	19

由表 4 给出的调查结果来看，双层带电育苗机的上层与底层的光照度相差很大，这是底层苗生长缓慢和白粉病发生率高的主要原因，因此在实际生产中，底层的光照设计是带电育苗机高效育苗的关键因素之一。

表 4 中 CO_2 浓度的差异也反映了上、底层带电育苗光照度的差异。通常带电烟苗会与大气之间产生电位差形成空间电场，这个空间电场的极性可以对植物的光合作用和呼吸作用产生显著影响。带负电的植物光合作用强度增加，呼吸作用强度会显著降低，但带电烟苗吸收二氧化碳的速度或者是同化二氧化碳的速度又与光照强度、二氧化碳浓度直接关联，三者缺一均影响光合作用效率，而带电育苗机底层遮光较重，光照强度低，因而底层苗生长缓慢，易得白粉病。另一方面，也说明了在弱光环境中，植物带负电引起的光合作用强度增强效应并不能足以抵抗白粉病的侵袭。

表 4 中上、底层的 pH、电导率、液温也显示出差异，这类差异应该与蚜虫繁育温室的整体气候、光照强弱有关，因此现有带电育苗机需要改进的地方应该为光照、温度调控方面，尽量保持上、底层的环境因子强度一致。

表 4 中营养液溶氧量的调查结果表明，上、底层溶氧量差异不大，上层略显低一些，其主要原因是上、底层营养液液温相差较大，上层温度高，溶氧量会低一些。

3.5　成苗期的测定

依据 2.3 节“成苗期的测定”给出的调查方法对带电育苗设施的成苗质量和成苗天数进行了跟踪调查，各层及补光与否的调查以上层成苗时间为调查日，其结果见表 5。

表 5　成苗质量与成苗天数的调查

处理	株高（cm）	茎围（cm）	茎高（cm）	根鲜重（g）	根干重（g）	有效叶片数（片）	根冠比	成苗天数（d）
上层	16.3	2.6	12.2	1.64	0.55	9	0.23	65
自然光下层	9.2	1.6	7.58	1.12	0.32	7	0.25	70
补光下层	12.2	2.0	9.31	1.58	0.45	8	0.24	68

由表 5 给出的带电育苗机成苗质量的调查结果来看，上层烟苗质量远远优于底层，补光与否也对成苗质量影响巨大。因此，对于多层带电育苗机的设计应制定底层补光设计标准。

结合上述调查结果，光照、二氧化碳、温度是影响带电育苗质量和白粉病发病程度的关键因子，鉴于烟草带电育苗试验研究的深入进行以及农业领域带电栽培的应用研究成果，带电育苗环境中增补二氧化碳将是提高带电育苗质量的重要措施。高浓度二氧化碳环境中，带电植物的光合作用强度将会显著提高，这从栽培经济学角度出发，补充高浓度二氧化碳要比提高光照强度经济合算。

3.6 环境湿度

依照 2.4 节“环境湿度”给出的调查方法，以常规空气湿度测量方式测定机内空气相对湿度，其结果见表 6。

表 6 环境湿度的测定

位置	上层育苗处（%）	底层育苗处（%）
中央（与收虫电极等高）	79	78
机外水平距离 20cm 处	80	80

由表 6 给出的调查结果可以看出，机内相对湿度较机外低 1～2 个百分点，这一结果说明了机内空气水分要较机外低。上层湿度较底层高的原因是上层液温较高，蒸发较为强烈。湿度的降低对多数病害的预防起着直接好处。本表的调查结果显示带电育苗机可作为温室除湿灭菌机使用，也可以作为农业设施空气质量调控设备使用，用于净化空气和防病防疫。

4 结论

带电育苗机本身依靠放电的电离空气作用以及除湿作用，可以有效预防漂浮育苗期的根茎病害和多数气传病害。

多层带电育苗机底层易于发生白粉病，也是到目前为止唯一观察到带电育苗机内发生的病害。白粉病的发生与带电育苗机底层弱光有关，增加光照可减轻或抑制白粉病的发生强度。带电育苗机底层烟苗发生白粉病的病原来源为栽培基质，因此加强栽培基质的灭菌消毒力度也是控制白粉病发生的重要措施。

物理植保液与光合作用增效粉结合使用能够减轻带电育苗机烟苗白粉病的发生强度。但增强光照强度和增施二氧化碳是带电育苗设施解决白粉病发生的根本措施。

带电育苗机因农事活动会经常断电操作，故易引发蚜虫感染，又由于烟苗叶片的屏蔽作用，感染的蚜虫会正常生长繁殖，但使用带电育苗机配置的物理植保液可以彻底预防蚜虫的危害。

带电育苗设施上层苗通常生长快速，烟苗质量高，成苗期缩短。

带电育苗机可作为农业设施内除湿和空气净化机使用，也可作为农业设施内防病防疫机使用。

参考文献

[1] 刘滨疆，雍红波．残叶燃烧全物质水培原理与技术［J］．农村实用工程技术，2005（3）：62－64.

[2] 刘滨疆．温室无公害蔬菜生产保障设备［J］．农村实用工程技术，2001（12）：1.

第九章　烟草领域相关标准或规程

9.1　烟草漂浮育苗基质（YC/T 310—2009）

烟草漂浮育苗基质

1　范围

本标准规定了烟草漂浮育苗基质的质量要求、试验方法、检验规则、包装、标识、运输和贮存。

本标准适用于由有机物料及天然矿物为主生产的烟草漂浮育苗基质的质量要求和检测。

2　规范性引用文件

下列文件中的条款通过本标准的引用而成为本标准的条款。凡是注日期的引用文件，其随后所有的修改单（不包括勘误的内容）或修订版均不适用于本标准，但鼓励根据本标准达成协议的各方研究使用这些文件的最新版本。凡是不注日期的引用文件，其最新版本适用于本标准。

GB/T 601　化学试剂标准滴定溶液的制备

GB/T 8170　数值修约规则与极限数值的表示和判定

GB/T 6678　化工产品采样总则

GB/T 6682　分析实验室用水规格和试验方法

GB 8172　城镇垃圾农用控制标准

GB/T 8571　复混肥料　实验室样品制备

GB/T 11957　煤中腐殖酸产率测定方法

NY 525—2002 有机肥料

NY/T 302 有机肥料水分的测定

3　术语和定义

本标准采用下列定义：

3.1　基质 nursery substrate

特指由有机物料（包括草炭、腐熟植物秸秆）及天然矿物（珍珠岩、蛭石）为主配制的、用于烟草漂浮育苗生产的人造土壤。

3.2 型式检验 type test

指对产品质量进行全面考核，即对本标准中规定的技术要求全部进行检验。

3.3 出苗率 germination rate

每孔单粒播种，播种后20d实际出苗孔数占总播种孔数的百分比。

3.4 生长速度 growth rate

从播种到50%烟苗达到大十字期的天数。

3.5 基质平均温度 average temperature of substrate

生长速度调查期内，每天8:00基质表面下3cm的温度的平均值。

3.6 批 batch

同一原料、同一工艺、同一规格、同一天生产的产品为一批。

4 要求

4.1 外观

各种物料混合均匀呈颗粒状产品。

4.2 理化指标

烟草漂浮育苗基质理化指标要求见表1，表中数值修约规则与极限数值的表示和判定按照GB/T 8170。

表1 烟草漂浮育苗基质理化指标

项目	要求
pH	5.0～7.0
1～5 mm粒径（%）	≥40
容重（g/cm³）	0.10～0.35
总孔隙度（%）	80～95
有机质含量（%）	≥15
腐殖酸（%）	10～40
电导率（μS/cm）	≤1 000
有效铁离子含量（mg/kg）	≤1 000
水分（%）	20～45

5 实验方法

5.1 取样和实验样品制备

取样方法按GB/T 6678中的规定执行；选取样品数量依据表2要求；将选取出的样品全部倒在干净的塑料袋上，混拌均匀后取不少于5L为1个样品；进行理化指标的检测。

实验室样品制备按照GB/T 8571的要求，并明确标识。

表2 基质选取样品数量规定

基质总数（袋）	选取最少的基质数（袋）
1～3	全部
4～1 000	3
1 001～5 000	4
＞5 000	5

5.2 理化指标

5.2.1 粒径检验

按本标准附录A执行。

5.2.2 容重检验

按本标准附录B执行。

5.2.3 总孔隙度检验

按本标准附录C执行。

5.2.4 有机质含量检验

按本标准附录F执行。

5.2.5 腐殖酸检验

按GB/T 11957执行。

5.2.6 pH检验

按NY 525—2002中5.7执行。

5.2.7 电导率检验

按本标准附录D执行。

5.2.8 有效铁含量检验

按本标准附录E执行。

5.2.9 水分含量检验

按NY 525—2002中5.6执行。

6 检验规则

6.1 出厂检验

每批产品均需生产企业质量检验部门检验合格，并附产品质量检验合格证方可出厂。

出厂检验的项目为：粒径、孔隙度、pH、电导率、每袋净容量。

6.2 型式检验

6.2.1 型式检验在每年的生产季节中进行1至2次。

6.2.2　型式检验项目中为本标准规定的全部项目。有下列情况之一时，亦应进行型式检验：

a）每年开始生产时；

b）当原料或配方有较大变动时；

c）当出厂检验结果与型式检验结果有较大差异时；

d）质量监督机构提出型式检验要求时。

6.3　判定规则

检验结果中若理化指标有一项不合格，应从同批产品中对不合格项目进行双倍抽样复检。复检按本标准第 5 章进行。如果复检结果全部为合格，则判定本批为合格，如果复检出现了 1 项及以上不合格，则判定该批产品为不合格。

7　标志、包装、运输和贮存

7.1　标志

包装袋上应印有下列标志：烟草专用、产品名称、执行标准、净容量、生产企业名称、生产企业地址、生产日期、联系电话。包装袋背面应印有基质的使用方法和注意事项。

7.2　包装

基质用编织袋内衬聚乙烯薄膜袋或覆膜袋包装。每袋容量 0.04m^3、0.05m^3、0.07m^3 或 0.08m^3（指在自然状态下的容积）。

7.3　运输和贮存

贮存于阴凉干燥处，在运输过程中应防潮、防晒、防破裂。

附录 A

基质粒径测定方法

A.1　原理

将一定体积的基质用 1mm 和 5mm 孔径的筛子筛分，并分别量取大于 5mm、1～5mm 粒径和小于 1mm 粒径基质的体积，再除以三者体积之和，即为大于 5mm、1～5mm 粒径和小于 1mm 粒径的基质所占体积百分率。

A.2　仪器设备

A.2.1　筛子，孔径 1mm 和 5mm

A.2.2　量筒，1 000mL，50mL

A.2.3　电子天平

A.3　操作步骤

用 1L 的量筒量取体积为 1 000mL 的风干基质，用 1mm 和 5mm 孔径的筛子振荡筛分，测量 1～5mm 两筛之间基质的体积，计算其所占体积百分率。

A.4　结果计算

基质粒径按式（A.1）计算。

$$M\ (V/V,\%)=\frac{V}{1\ 000}\times 100 \quad (A.1)$$

式中：

M——1～5mm 粒径基质所占体积百分率；

V——1～5mm 粒径基质的体积；

1 000——量取测量基质的总体积。

两次平行测定的平均值作为测定结果，结果精确至 0.1%。两次平行测定的相对标准偏差＜5%。

附录 B

基质容重的测定方法

B.1　原理

采用环刀法进行测定。

B.2　仪器设备

B.2.1　环刀

B.2.2　分析天平（感量为 0.01g）

B.3　步骤

新鲜基质样品均匀装入套有环套的环刀（已知体积 V 和质量 m）中，装满，用重量 65g 的小圆盘轻放在基质上，3min 后取去，削平多余基质。此时应保持基质样品与环刀口齐平，称重 m_1。重复 3～4 次。立即按 NY/T 302 测定新鲜基质含水量。

B.4　计算方法

基质容重按式（B.1）计算。

$$P=(m_1-m)\times\frac{1-X_0}{V} \quad (B.1)$$

式中：

P——容重（g/cm^3）；

m_1——基质样品与环刀重；

m——环刀重；

X_0——新鲜基质含水量；

V——环刀体积。

两次平行测定的平均值作为测定结果，结果精确至 0.001g/cm^3。两次平行测定的相对标准偏差＜5％。

附录 C

基质孔隙度的测定方法

C.1　原理

通过测定基质的容重、比重后，计算得出基质的总孔隙度。

C.2　仪器设备

C.2.1　比重瓶，100mL

C.2.2　天平，感量为 0.01g，最大称量 200g

C.2.3　温度计

C.2.4　电沙浴（或电热板）

C.3　试剂

C.3.1　实验室用水

按 GB/T 6682 规定执行。

C.3.2　标准溶液的制备

按 GB/T 601 规定执行。

C.4　测定步骤：

C.4.1　基质比重的测定

取通过 2mm 孔径筛的风干试样约 10g，装入已知质量（M_0）的比重瓶中，称瓶＋风干样的质量（M_1）（精确至 0.01g）。另取 10g 左右试样按“NY 525—2002 中 5.6”的方法测定含水量（X_0）。

向装有样品的比重瓶中缓缓注入去二氧化碳的蒸馏水或去离子水，至水和样品的体积占比重瓶的 1/3～1/2 为宜。缓缓摇动比重瓶，使基质充分湿润，将比重瓶放在电热板上加热，沸腾后保持微沸腾 1h，煮沸过程中应经常摇动比重瓶，驱除基质中的空气。煮沸完毕，将冷却的无二氧化碳蒸馏水沿瓶壁徐徐加入比重瓶至瓶颈，用手指轻轻敲打瓶壁，使残留基质中的空气逸尽。静置冷却，澄清后测量瓶内水温（T_1）。加蒸馏水至瓶口，塞上毛细管塞，瓶中多余的水即从塞上毛细管中溢出，用滤纸擦干瓶外壁后称取 T_1 时的（瓶＋水＋基质）重量（M_2）。

将比重瓶中的基质液倒出，洗净比重瓶，注满冷却的无二氧化碳蒸馏水，测量瓶内水温（T_2），加水至瓶口，塞上毛细管塞，用滤纸擦干瓶外壁后称取时 T_2 的（瓶＋水）重量（M_T）。若每只比重瓶事先都经过校正，在测定时可省去此步骤。

C. 4. 2　基质比重结果计算

基质比重的结果按式（C. 1）和式（C. 2）计算。

$$\rho\ (g/cm^3) = \frac{M}{M_T + M - M_2} \times \frac{dW_1}{dW_0} \quad (C.1)$$

$$M\ (g) = (M_1 - M_0) \times (1 - X_0) \quad (C.2)$$

式中：

ρ——基质比重（g/cm³）；

M——烘干试样重（g）；

M_T——T_2（$T_1 = T_2$）时的瓶＋水重量（g）；

M_2——T_1时的瓶＋水＋基质重量（g）；

M_1——瓶＋风干基质重量（g）；

dW_1——T_1时水的密度（g/cm³）；

dW_0——4℃时水的密度（g/cm³）；

X_0——风干试样的含水量。

平行测定结果以算术平均值表示，保留两位小数。

C. 5　总孔隙度的计算

基质总孔隙度按式（C. 3）计算。

$$K\ (\%) = \left(1 - \frac{P}{\rho}\right) \times 100 \quad (C.3)$$

式中：

K——基质孔隙度（%）；

P——基质容重（g/cm³）；

ρ——基质比重（g/cm³）。

基质比重测定结果精确至 0.001g/cm³。

两次平行测定的平均值作为测定结果，结果精确至 0.01%。平行测定结果相对标准偏差＜5%。

附录 D

基质电导率测定方法

D. 1　原理

根据基质：水＝1：10 形成液体介质，通过液体介质中正负离子移动导电的原理，引用欧姆定律表示液体的导电率。

D. 2　仪器设备

D. 2. 1　电导仪

D.2.2　分析天秤，感量 0.001g

D.2.3　空气浴振荡器

D.3　试剂

D.3.1　实验室用水

按 GB/T 6682 规定执行。

D.3.2　标准溶液的制备

按 GB/T 601 规定执行。

D.4　测定步骤

D.4.1　待测液的准备

称取通过 2mm 筛孔的风干基质样品 5.00g（精确到 0.01g）于 100mL 带盖塑料瓶中，按基质：水＝1：10 的量加入无二氧化碳的蒸馏水，盖上盖子，以 170r/min 的速度振荡 30min，过滤后测定电导率。

D.4.2　电导率的调试

将电导仪插上电源，按仪器说明书要求进行校准和温度补偿。

D.5　测定

将电极浸入待测溶液，待稳定后读数（电极使用前应用＜0.5μS/cm 蒸馏水冲洗干净，用滤纸吸干水）。

两次平行测定的平均值作为测定结果，结果精确至 0.1μS/cm。平行测定结果相对标准偏差＜5％。

附录 E

基质有效铁的测定方法

E.1　原理

被测基质样品经 DTPA-TEA-$CaCl_2$ 提取后，用原子吸收光谱法直接测定。

E.2　设备仪器

E.2.1　原子吸收分光光度计（包括铁元素空心阴极灯）

E.2.2　酸度计

E.2.3　空气浴振荡器

E.2.4　带盖塑料瓶 100mL

E.3　试剂

E.3.1　实验室用水

按 GB/T 6682 规定执行。

E.3.2　DTPA 浸提剂

其成分为 0.005mol/L $CaCl_2$，0.1mol/L 三乙醇胺（TEA），pH7.30。

称取1.967g二乙三胺五乙酸（DTPA），溶于14.92g三乙醇胺（TEA）和少量水中，再将1.47g氯化钙（$CaCl_2 \cdot 2H_2O$）溶于水后，一并转入1L容量瓶中，加水至约950mL；在酸度计上用6mol/L盐酸溶液调节pH至7.30，用水定容至1 000mL，贮于塑料瓶中。

E.3.3 铁标准贮备液

铁标准贮备液：称取1.000g金属铁（优级纯），溶于40mL 1∶2盐酸溶液（1份水+2份盐酸），移入1L容量瓶中，用水定容，即为1 000mg/L铁标准贮备液。分别取此液10.00mL于100mL容量瓶中，用水定容，即为100mg/L铁标准液。

铁标准贮备液也可直接购买。

E.4 操作步骤

称取通过2mm筛孔的待测风干样5.00g（精确到0.01g）于塑料瓶中，加入DTPA浸提剂50mL，盖好瓶盖，在25±2℃的条件下，以180r/min的速度振荡1h，然后过滤。在原子吸收分光光度计上测定，样品含量过高时，需稀释后，再测定，同时做空白对照。

标准曲线的绘制：参照上表标准系列溶液的配制方法，但不加1∶2盐酸溶液，用DTPA浸提剂定容。与样品同条件上机测定，读取浓度值或吸光度，绘制标准曲线。

E.5 结果计算

基质中有效铁含量按式（E.1）计算。

$$有效铁含量（mg/kg）=C\times D\times V/[m\times(1-X_0)]$$

式中：

C——直接读取或从标准曲线查出样品测定液中元素的浓度（mg/L）；

V——浸提液体积（mL）；

D——分取倍数，即浸提液体积/取滤液体积；若未稀释，D取1；

m——风干待测样质量（g）；

X_0——风干试样的含水量。

两次平行测定的平均值作为测定结果。平行测定结果相对标准偏差＜5％。

附录F

基质中有机质的测定——重铬酸钾容量法

F.1 原理

用过量的重铬酸钾—硫酸溶液，在加热条件下，使基质中的有机碳氧化，多余的重铬酸钾用硫酸亚铁溶液滴定，同时以二氧化硅为添加物作空白试验，根据氧化前后氧化剂消耗量，计算出有机碳含量，再乘以常数 1.724，即为基质有机质含量。

F.2　仪器设备

F.2.1　分析天平：感量 0.000 1g

F.2.2　电炉：1 000W

F.2.3　硬质试管（配有弯颈小漏斗）：25mm×200mm

F.2.4　油浴锅（配有铁丝笼，大小和形状与油浴锅配套）

F.2.5　用紫铜皮做成或用高度 15～20cm 的铝锅代替，内装菜油或石蜡（工业用）

F.2.6　酸式滴定管，体积 25 mL

F.2.7　温度计：300℃

F.2.8　三角瓶：250mL

F.2.9　移液管：5mL

F.3　试剂

F.3.1　实验室用水

按 GB/T 6682 规定执行。

F.3.2　二氧化硅，粉末状

F.3.3　浓硫酸（ρ=1.84g/mL）

F.3.4　重铬酸钾溶液，0.8mol/L

F.3.5　重铬酸钾标准溶液

F.3.6　硫酸亚铁标准溶液

F.4　分析步骤

F.4.1　标准溶液的制备

按 GB/T 601 规定执行。

F.4.2　重铬酸钾溶液制备

称取 40.0g 重铬酸钾（分析纯或化学纯）加 400～600mL 水，加热使之溶解，冷却后用水定容至 1L。将此溶液转移入 3L 大烧杯中；另取 1L 密度为 1.84g/mL 的浓硫酸（分析纯或化学纯），慢慢地倒入重铬酸钾水溶液中，不断搅动。为避免溶液急剧升温，每加约 100mL 浓硫酸后可稍停片刻，并把大烧杯放在盛有冷水的大塑料盆内冷却，当溶液的温度降到不烫手时再加另一份浓硫酸，直到全部加完为止，此溶液浓度 c（$1/6\ K_2Cr_2O_7$）=0.8mol/L。此溶液极为稳定，可以长期保存。

F.4.3　重铬酸钾标准溶液制备

准确称取 130℃烘 2～3h 的重铬酸钾（优级纯，FR）4.904g，先用少量水溶解，然后无损地移入 1 000mL 容量瓶中，加水定容，此标准溶液浓度 c（$1/6K_2Cr_2O_7$）=0.100 0mol/L。

F.4.4 硫酸亚铁标准溶液的制备

称取 56.0g 硫酸亚铁（$FeSO_4 \cdot 7H_2O$，分析纯）或 80.0g 硫酸亚铁铵[（NH_4）$2SO_4 \cdot FeSO_4 \cdot 6H_2O$，化学纯] 溶解于 600～800mL 水中，加浓硫酸（化学纯）15mL，搅拌均匀，定容到 1L 容量瓶内，此溶液易被空气氧化而致浓度下降，每次使用时应标定其准确浓度。

F.4.5 硫酸亚铁标准溶液的标定

吸取 0.1000 mol/L（c_1）重铬酸钾标准溶液 20.00 ml（V_1）放入 150mL 或 250mL 三角瓶中，加浓硫酸 3～5mL，摇匀，冷却，加邻菲啰啉指示剂 2～3 滴，用硫酸亚铁标准溶液滴定，根据硫酸亚铁标准溶液滴定时的消耗量（V_2，mL）即可计算出硫酸亚铁标准溶液的准确浓度（c_2）。

硫酸亚铁标准溶液的浓度按式（F.1）计算。

$$c_2\ (\text{mol /L}) = \frac{C_1 \times V_1}{V_2} \tag{F.1}$$

F.4.6 邻菲啰啉（$C_{12}HgN_2 \cdot H_2O$）批示剂

称取 0.695g $FeSO_4 \cdot 7H_2O$ 或 1.00 g（NH_4）$2SO_4 \cdot FeSO_4 \cdot 6H_2O$ 和邻菲啰啉（分析纯）1.485g 溶于 100mL 蒸馏水中，密闭保存于棕色瓶中。

F.5 测定步骤

准确称取通过 ϕ=0.25 mm 筛的风干试样 0.02～0.03g（精确到0.000 1g，称样量根据有机质含量范围而定），放入硬质试管中，准确加入 5.00mL 0.8mol/ L 重铬酸钾溶液，加入 5.00mL 浓硫酸，摇匀并在每个试管口插上玻璃小漏斗。将试管逐个插入铁丝笼中，再将铁丝笼沉入已在电炉上加热至 185～190℃的油浴锅内，使管中的液面低于油面，要求放入后油浴温度下降至 170～180℃，等试管中的溶液沸腾时开始计时，此刻必须控制电炉温度，不使溶液剧烈沸腾，其间可轻轻提取铁丝笼在油浴锅中晃动几次，以使液温均匀，并维持在 170～180℃，（5±0.5）min 后将铁丝笼从油浴锅中提出，冷却片刻，擦去试管外的油液，冷却后将试管内的消煮液及基质残渣无损地转入 250mL 三角瓶中，用水冲洗试管及小漏斗，洗液并入三角瓶中，使三角瓶内溶液的总体积控制在 50～60mL。加 3 滴邻菲啰啉批示剂，用硫酸亚铁标准溶液滴定剩余的 $K_2Cr_2O_7$，溶液的变色过程是橙黄→蓝绿→棕红。

如果滴定所用硫酸亚铁溶液的毫升数不到空白试验所耗硫酸亚铁溶液毫升数的 1/3，则应减少基质称样量重测。

注：加热时，产生的 CO_2 气泡不是真正沸腾，只有在正常沸腾时才能开始计算时间。

F.6 结果的计算

基质中有机质含量按式（F.2）计算。

$$O\ (\%)=\frac{C_2\times(V_0-V)\times 5.689\ 2}{m\times(1-X_0)\times 1\ 000}\times 100 \qquad (F.2)$$

式中：

O——有机质含量（%）；

C_2——硫酸亚铁标准溶液的摩尔浓度（mol/L）；

V_0——空白试验时，使用硫酸亚铁标准滴定溶液的体积（mL）；

V——测定时，使用硫酸亚铁标准溶液的体积（mL）；

5.689 2——换算有机质的系数；

m——试样质量（g）；

X_0——风干试样的含水量。

取平行测定结果的算术平均值为最终检测结果。平行测定的绝对差值应符合表 F.1 要求。

表 F.1　平行测定允许的绝对差值

有机质（%）	绝对差值（%）
<30	0.6
30～45	0.8
>45	1.0

附录 G

基质的出苗率及烟苗生长速度中检测

G.1　出苗要求

在基质平均温度 15℃时，播种后 20 天的出苗率≥85%。10～20 ℃的出苗率统计时间校正值见表 2。10 ℃以下烟苗不能正常出苗，不宜进行育苗试验。

G.2　生长速度

在 15℃时，从播种到 50%烟苗达到大十字期的天数≤40 天。

G.3　杂草控制要求

杂草控制要求：每 100 孔苗盘中长出的杂草株数≤2 株。

表 G.1　出苗率与生长速度的基质平均温度调查时间校正表

出苗率调查时间		生长速度调查时间	
基质平均温度（℃）	±天数	基质平均温度（℃）	±天数
10.0	+20	10.5	*

（续）

出苗率调查时间		生长速度调查时间	
基质平均温度（℃）	±天数	基质平均温度（℃）	±天数
12.5	+10	12.5	*
15	0	15	0
17.5	−3	17.5	*
20	−6	20	*

注：出苗率的基质平均温度指从播种后到出苗率调查前的基质温度平均值。生长速度调查的基质平均温度指从播种后到生长速度调查前的基质温度平均值。

G.4 主要设备仪器

G.4.1 塑料大棚

G.4.2 营养池

G.4.3 育苗盘

G.4.4 温度计、湿度计

G.4.5 苗肥

G.5 操作步骤

G.5.1 装盘

将编好号的基质拌湿，以手握成团，松手后轻轻抖动散开即可。将拌湿的基质装到规格为66cm×34.5cm×5cm的育苗盘中，用手指轻压基质不再下落为宜。每个编号基质设三个重复，每个重复播一盘，每种基质的出苗率、生长速度及杂草株数均以每100孔的平均值计算。

G.5.2 播种

选用发芽率≥95%的包衣种，每个孔穴中播1粒种子。播种深度1～3mm，以基质表面刚好看不到种子为宜。将播好种子的育苗盘放入育苗池中，随机排列。

G.5.3 出苗率计算

在15℃时播种后20d进行出苗率调查，在5～20 ℃的出苗率调查时间按表1校正值调整。

出苗率按式（G.1）计算。

$$\gamma = \frac{\kappa}{\kappa_0} \times 100 \quad \text{(G.1)}$$

式中：

γ——出苗率（%）；

κ——每盘有苗孔数；

κ_0——每盘孔数。

最终出苗率按三盘平均数计算。

G.5.4　烟苗生长速度计算

当每个育苗盘上50%的苗进入大十字期，即为烟苗生长到达大十字期。记录烟苗生长到大十字期的日期。

G.5.5　杂草数量

在烟苗进行出苗率调查时进行杂草数量调查。

杂草数量按式（G.2）计算。

$$\Gamma = \frac{\kappa_1}{\kappa_0} \times 100 \qquad (G.2)$$

式中：

Γ——杂草数量（株/100孔）；

κ_1——每盘杂草数；

κ_0——每盘孔数。

9.2　烟草病害分级及调查方法（GB/T 23222—2008）

烟草病虫害分级及调查方法

1　范围

本标准规定了由真菌、细菌、病毒、线虫等病原生物及非生物因子引起的烟草病害的调查方法、病害严重度分级以及烟草主要害虫的调查方法。

本标准适用于评估烟草病虫害发生程度、为害程度以及病虫害造成的损失，也适用于病虫害消长及发生规律的研究。

2　术语和定义

下列术语和定义适用于本标准。

2.1　烟草病害 tobacco disease

由于遭受病原生物的侵害或其他非生物因子的影响，烟草的生长和代谢作用受到干扰或破坏，导致产量和产值降低，品质变劣，甚至出现局部或整株死亡的现象。

2.2　烟草害虫 tobacco insect pest

能够直接取食烟草或传播烟草病害并对烟草生产造成经济损失的昆虫或软体动物。

2.3　病情指数 disease index

烟草群体水平上的病害发生程度，是以发病率和病害严重度相结合的统计结果，用数值表示发病的程度。

2.4 病害严重度 severity of infection

植株或根、茎、叶等部位的受害程度。

2.5 蚜量指数 aphid index

烟草群体水平上的蚜虫发生程度，是以蚜虫数量级别与调查样本数相结合的统计结果，用数值表示蚜虫的发生程度。

3 烟草病害分级及调查方法

3.1 烟草根茎病害

3.1.1 黑胫病

3.1.1.1 病害严重度分级

以株为单位分级调查。

0级：全株无病。

1级：茎部病斑不超过茎围的三分之一，或三分之一以下叶片凋萎。

3级：茎部病斑环绕茎围三分之一至二分之一，或三分之一至二分之一叶片轻度凋萎，或下部少数叶片出现病斑。

5级：茎部病斑超过茎围的二分之一，但未全部环绕茎围，或二分之一至三分之二叶片凋萎。

7级：茎部病斑全部环绕茎围，或三分之二以上叶片凋萎。

9级：病株基本枯死。

3.1.1.2 调查方法

以株为单位分级，在晴天中午以后调查。

3.1.1.2.1 普查

在发病盛期进行调查，选取10块以上有代表性的烟田，采用5点取样方法，每点不少于50株，计算病株率和病情指数。病情统计方法见附录A。

3.1.1.2.2 系统调查

采用感病品种。自团棵期开始，至采收末期结束，田间固定5点取样，每点不少于30株，每5d调查1次，计算发病率和病情指数。病情统计方法见附录A。

3.1.2 青枯病、低头黑病

3.1.2.1 病害严重度分级

以株为单位分级调查。

0级：全株无病。

1级：茎部偶有褪绿斑，或病侧二分之一以下叶片凋萎。

3级：茎部有黑色条斑，但不超过茎高二分之一，或病侧二分之一至三分之二叶片凋萎。

5级：茎部黑色条斑超过茎高二分之一，但未达到茎顶部，或病侧三分之二以上叶片凋萎。

7级：茎部黑色条斑到达茎顶部，或病株叶片全部凋萎。

9级：病株基本枯死。

3.1.2.2　调查方法

同3.1.1.2。

3.1.3　根黑腐病

3.1.3.1　病害严重度分级

以株为单位分级调查。

0级：无病，植株生长正常。

1级：植株生长基本正常或稍有矮化，少数根坏死呈黑色，中下部叶片褪绿（或变色）。

3级：病株株高比健株矮四分之一至三分之一，或半数根坏死呈黑色，二分之一至三分之二叶片萎蔫，中下部叶片稍有干尖、干边。

5级：病株比健株矮三分之二至二分之一，大部分根坏死呈黑色，三分之二以上叶片萎蔫，明显干尖、干边。

7级：病株比健株矮二分之一以上，全株叶片凋萎，根全部坏死呈黑色，近地表的次生根明显受害。

9级：病株基本枯死。

3.1.3.2　调查方法

同3.1.1.2。

3.1.4　根结线虫病

3.1.4.1　病害严重度分级

根结线虫病的调查分为地上部分和地下部分，在地上部分发病症状不明显时，以收获期地下部分拔根检查的结果为准。

3.1.4.2　田间生长期观察烟株的地上部分，在拔根检查确诊为根结线虫为害后再进行调查。以株为单位分级调查。

0级：植株生长正常。

1级：植株生长基本正常，叶缘、叶尖部分变黄，但不干尖。

3级：病株比健株矮四分之一至三分之一，或叶片轻度干尖、干边。

5级：病株比健株矮三分之一至二分之一，或大部分叶片干尖、干边或有枯黄斑。

7级：病株比健株矮二分之一以上，全部叶片干尖、干边或有枯黄斑。

9级：植株严重矮化，全株叶片基本干枯。

3.1.4.3　收获期检查，地上部分同3.1.4.2，拔根检查分级标准如下：

0 级：根部正常。

1 级：四分之一以下根上有少量根结。

3 级：四分之一至三分之一根上有少量根结。

5 级：三分之一至二分之一根上有根结。

7 级：二分之一以上根上有根结，少量次生根上产生根结。

9 级：所有根上（包括次生根）长满根结。

3.1.4.4　调查方法

同 3.1.1.2。

3.2　烟草叶斑病害

在烟草叶斑病害的分级调查中，病斑面积占叶片面积的比例以百分数表示，百分数前保留整数。

3.2.1　以株为单位的病害严重度分级

适用于所有叶斑病害较大面积调查。以株为单位分级调查。

0 级：全株无病。

1 级：全株病斑很少，即小病斑（直径≤2mm）不超过 15 个，大病斑（直径＞2mm）不超过 2 个。

3 级：全株叶片有少量病斑，即小病斑 50 个以内，大病斑 2～10 个。

5 级：三分之一以下叶片上有中量病斑，即小病斑 50～100 个，大病斑 10～20个。

7 级：三分之一至三分之二叶片上有病斑，病斑中量到多量，即小病斑 100 个以上，大病斑 20 个以上，下部个别叶片干枯。

9 级：三分之二以上叶片有病斑，病斑多，部分叶片干枯。

3.2.2　白粉病

3.2.2.1　病害严重度分级

以叶片为单位分级调查。

0 级：无病斑。

1 级：病斑面积占叶片面积的 5％以下。

3 级：病斑面积占叶片面积的 6％～10％。

5 级：病斑面积占叶片面积的 11％～20％。

7 级：病斑面积占叶片面积的 21％～40％。

9 级：病斑面积占叶片面积的 41％以上。

3.2.2.2　调查方法

3.2.2.2.1　普查

在发病盛期进行调查，选取 10 块以上有代表性的烟田，每地块采用 5 点取样方法，每点 20 株，以叶片为单位分级调查，计算病叶率和病情指数。病情统计方法见附录 A。

3.2.2.2.2　系统调查

采用感病品种。自发病初期开始，至采收末期结束，田间固定 5 点取样，每点 5 株，每 5d 调查 1 次，以叶片为单位分级调查，计算病叶率和病情指数。病情统计方法见附录 A。

3.2.3　赤星病、野火病、角斑病

3.2.3.1　病害严重度分级

适用于在调制过程中病斑明显扩大的叶斑病害，以叶片为单位分级调查。

0 级：全叶无病。

1 级：病斑面积占叶面积的 1%以下。

3 级：病斑面积占叶面积的 2%～5%。

5 级：病斑面积占叶面积的 6%～10%。

7 级：病斑面积占叶面积的 11%～20%。

9 级：病斑面积占叶面积的 21%以上。

3.2.3.2　调查方法

同 3.2.2.2。

3.2.4　蛙眼病、炭疽病、气候性斑点病、烟草蚀纹病毒病、烟草坏死性病毒病、烟草环斑病毒病等（包括烘烤后病斑面积无明显扩大的其他叶部病害）

3.2.4.1　病害严重度分级

以叶片为单位分级调查。

0 级：全叶无病。

1 级：病斑面积占叶片面积的 5%以下。

3 级：病斑面积占叶片面积的 6%～10%。

5 级：病斑面积占叶片面积的 11%～20%。

7 级：病斑面积占叶片面积的 21%～40%。

9 级：病斑面积占叶片面积的 41%以上。

3.2.4.2　调查方法

同 3.2.2.2。

3.3　烟草普通花叶病毒病（TMV）、黄瓜花叶病毒病（CMV）、马铃薯 Y 病毒病（PVY）

3.3.1　病害严重度分级

以株为单位分级调查。

0 级：全株无病。

1 级：心叶脉明或轻微花叶，病株无明显矮化。

3 级：三分之一叶片花叶但不变形，或病株矮化为正常株高的四分之三以上。

5 级：三分之一至二分之一叶片花叶，或少数叶片变形，或主脉变黑，或病株矮化为正常株高的三分之二至四分之三。

7 级：二分之一至三分之二叶片花叶，或变形或主侧脉坏死，或病株矮化为正常株高的二分之一至三分之二。

9 级：全株叶片花叶，严重变形或坏死，或病株矮化为正常株高的二分之一以上。

3.3.2　调查方法

同 3.1.1.2。

4　烟草主要害虫调查方法

4.1　地老虎

4.1.1　普查

在地老虎发生盛期进行调查，选取 10 块以上有代表性的烟田，采用平行线取样方法，调查 10 行，每行连续调查 10 株。根据地老虎的为害症状记载被害株数，并计算被害株率。计算方法见附录 A。

4.1.2　系统调查

采用感虫品种。移栽后开始进行调查，直至地老虎为害期基本结束。选取有代表性的烟田，采用平行线取样方法，调查 10 行，每行连续调查 10 株。每 3d 调查 1 次，根据地老虎的为害症状记载被害株数，并计算被害株率。计算方法见附录 A。

不同烟区可根据当地地老虎的发生情况，在调查期内分次随机采集地老虎幼虫，全期共采集 30 头以上，带回室内鉴定地老虎种类。

4.2　烟蚜

4.2.1　蚜量分级

0 级：0 头/叶。

1 级：1～5 头/叶。

3 级：6～20 头/叶。

5 级：21～100 头/叶。

7 级：101～500 头/叶。

9 级：大于 500 头/叶。

4.2.2　普查

在烟蚜发生盛期进行调查，选取 10 块以上有代表性的烟田，采用对角线 5 点取样方法，每点不少于 10 株，调查整株烟蚜数量，计算有蚜株率及平均单株蚜量。若在烟草团棵期或旺长期进行普查，也可采用蚜量指数来表明烟蚜的为害程度，选取 10 块以上有代表性的烟田，采用对角线 5 点取样方法，每点不少于 20 株，参照 4.2.1 的蚜量分级标准，调查烟株顶部已展开的 5 片叶，记载每片叶的蚜量级别，计算蚜量指数。蚜量指数的计算方法见附录 A。

4.2.3　系统调查

采用感虫品种。移栽后开始进行调查，烟株打顶后结束调查。调查期间不施用杀虫剂。选取有代表性的烟田，采用对角线 5 点取样方法，定点定株，每点顺行连续调查 10 株。每 3～5d 调查 1 次，记载每株烟上的有翅蚜数量、无翅蚜数量、有蚜株数以及天敌的种类、虫态和数量。计算有蚜株率及平均单株蚜量，计算方法见附录 A。

4.3　烟青虫、棉铃虫

4.3.1　普查

在烟青虫或棉铃虫幼虫发生盛期进行调查，选取 10 块以上有代表性的烟田，采用平行线 10 点取样方法，共调查 10 行，每行连续调查 10 株，调查每株烟上的幼虫数量，计算有虫株率及百株虫量。计算方法见附录 A。

4.3.2　系统调查

采用感虫品种。在烟青虫和棉铃虫初发期开始进行调查，直至为害期结束。调查期间不施用杀虫剂。选取有代表性的烟田，采用平行线 10 点取样方法，定点定株，共调查 10 行，每行连续调查 10 株。

4.3.2.1　查卵

每 3d 调查一次，记载每株烟上着卵量，调查后将卵抹去，计算有卵株率。计算方法见附录 A。

4.3.2.2　查幼虫

每 5d 调查一次，记载每株烟上的幼虫数量，并计算百株虫量和有虫株率。计算方法见附录 A。

4.4　斜纹夜蛾

4.4.1　普查

在斜纹夜蛾幼虫发生盛期，选取 10 块以上有代表性的烟田进行调查。若幼虫多数在 3 龄以内，则采取分行式取样的方法，调查 5 行，每行调查 10 株；若各龄幼虫混合发生，则采取平行线取样的方法，调查 10 行，每行调查 15 株。计算有虫株率及百株虫量。计算方法见附录 A。

4.4.2　系统调查

采用感虫品种。在斜纹夜蛾初发期开始进行调查，直至为害期结束。调查期间不施用杀虫剂。选取有代表性的烟田，采用平行线 10 点取样方法，定点定株，共调查 10 行，每行连续调查 10 株。每 5d 调查一次，分别记载每株烟上卵块、低龄幼虫（1 龄～3 龄）及高龄幼虫（3 龄以上）的数量，并计算百株虫量和有虫株率。计算方法见附录 A。

4.5 斑须蝽、稻绿蝽

4.5.1 普查

在发生盛期进行调查，选取10块以上有代表性的烟田，采用平行线10点取样方法，共调查10行，每行连续调查10株。调查每株烟上的成虫、若虫以及卵块的数量，计算有虫株率及百株虫量。计算方法见附录A。

4.5.2 系统调查

采用感虫品种。在初发期开始进行调查，直至为害期结束。调查期间不施用杀虫剂。选取有代表性的烟田，采用平行线10点取样方法，定点定株，共调查10行，每行连续调查10株。每5d调查一次，记载每株烟上各虫态的数量，并计算百株虫量和有虫株率。计算方法见附录A。

附录A

烟草病虫害发生程度计算方法

A.1 发病率

发病率按式（A.1）进行计算。

$$发病率=\frac{发病株数}{调查总株数}\times 100\% \quad (A.1)$$

A.2 病情指数

病情指数按式（A.2）进行计算。

$$病情指数=\frac{\sum(各级病株或叶数\times 该病级值)}{调查总株数或叶数\times 最高级值}\times 100 \quad (A.2)$$

A.3 被害株率

被害株率按式（A.3）进行计算。

$$被害株率=\frac{被害株数}{调查总株数}\times 100\% \quad (A.3)$$

A.4 有蚜（虫）株率

有蚜（虫）株率按式（A.4）进行计算。

$$有蚜（虫）株率=\frac{有蚜（虫）株数}{调查总株数}\times 100\% \quad (A.4)$$

A.5 蚜量指数

蚜量指数按式（A.5）进行计算。

$$蚜量指数=\frac{\sum(各级叶数\times 该级别值)}{调查总株数或叶数\times 最高级值}\times 100 \quad (A.5)$$

A.6 平均单株蚜量

平均单株蚜量按式（A.6）进行计算。

$$平均单株蚜量=\frac{总蚜量}{总株数} \quad (A.6)$$

A.7　百株虫量

百株虫量按式（A.7）进行计算。

$$百株虫量=\frac{总虫量}{总株数}\times 100 \quad (A.7)$$

A.8　有卵株率

有卵株率按式（A.8）进行计算。

$$有卵株率=\frac{有卵株数}{调查总株数}\times 100\% \quad (A.8)$$

9.3　烟草农业试验观测实用方法

烟草农业试验调查记载的目的是为分析试验结果、获取科学数据和掌握第一手资料，及时了解试验进展状况，以便做到试验人员胸中有数，有根据地分析试验成败的原因，客观评价各项措施的效果，得出明确的试验结论。可见，观测记载如何，对试验结果的准确性影响很大。因此，烟草农业试验调查记载不能以粗枝大叶的工作态度来对待，必须根据试验目的和要求进行系统的、正确的观察记载，为得出规律性的认识提供科学依据。

1　观测记载前的准备工作

1.1　设计好观测记载表格

在试验观测记载开始进行之前，应根据试验的目的与要求，统筹考虑整个试验需要观测记载项目，对每个观测记载项目设计出科学合理的表格，观测记载表格设计是否科学合理，在很大程度上会影响到试验数据的分析效果和试验结论的精确程度。因此，在设计表格时，多动一番脑筋，设计出科学合理的记载表格，是保证试验顺利、高效、优质完成的重要条件。

1.2　收集调试好相关观测记载工具

烟草农业试验调查记载工作必定离不开观测记载工具，在观测记载前，根据当次需要观测记载的项目，收集或调试好相关观测记载工具或仪器设备，需要使用电源的仪器设备在观测的前一天把电源充好备用。测量记载工具要保证完好无损、确保能够满足工作需要，书写工具最好选择铅笔，以防数据被雨水冲淋。“工欲善其事，必先利其器”，在观测记载前，把相关观测记载工具和仪器设备收集调试好，以确保观测记载工作能够适时、顺利进行。

2　调查记载项目及方法

2.1　物候期

生育期：烟草从出苗到种子成熟的总天数；栽培烟草从出苗到烟叶采收结

束的总天数。

播种期：烟草种子播种时的日期，以月、日表示（下同）。

出苗期：从播种至幼苗子叶完全展开的日期，以天数表示（下同），记载标准为全区50%出苗时的日期。

十字期：幼苗在第三真叶出现时，第一、第二真叶与子叶大小相近，交叉成十字形的日期，称小十字期，记载标准为全区50%幼苗呈小十字形时的日期。幼苗在第五真叶出现时，第三、第四真叶与第一、第二真叶大小相近，交叉成十字的日期，称大十字期，记载标准为全区50%幼苗呈大十字形时的日期。

生根期：十字期后，从幼苗第三真叶至第七真叶出现时称为生根期。此时幼苗的根系形成，记载标准为全区50%幼苗第四、五真叶明显上竖时的日期。

假植期：将烟苗再次植入假植苗床或营养袋（块）的日期。

成苗期：烟苗达到适栽和壮苗标准，可进行移栽的日期，记载标准为全区50%幼苗达到适栽和壮苗标准时的日期。

苗床期：从播种至成苗这段时期。

移栽期：烟苗栽植大田的日期。

还苗期：烟苗从移栽到成活为还苗期。根系恢复生长，叶色转绿、不凋萎、心叶开始生长，烟苗即为成活，记载标准为移栽后全区50%以上烟苗成活时的日期。

伸根期：烟苗从成活到团棵称为伸根期。

团棵期：植株达到团棵标准，此时叶片12～13片，叶片横向生长的宽度与纵向生长的高度比例约2∶1，形似半球时为团棵期，记载标准为全区50%植株达到团棵标准。

旺长期：植株从团棵到现蕾称为旺长期，记载标准为全区50%植株从团棵到现蕾。

现蕾期：植株的花蕾完全露出的时间为现蕾期，记载标准为全区10%植株现蕾时为现蕾始期；达50%时为现蕾盛期。

打顶期：植株可以打顶的日期，记载标准为全区50%植株可以打顶时的日期。

开花期：植株第一中心花开放的日期，记载标准为全区10%植株中心花开为开花始期；达50%时为开花盛期。

烟叶成熟期：烟叶达到工艺成熟的日期，分别记载脚叶成熟期（第一次采收）、腰叶成熟期和顶叶成熟期（最后一次采收）的日期。

大田生育期：从移栽到烟叶采收完毕（留种田从移栽到种子采收完毕）的这段时期。

2.2 形态特征

苗色：在生根期调查。分深绿、绿、浅绿、黄绿四级。

整齐度：在现蕾期调查。分整齐、较齐、不整齐三级。以株高和叶数的变异系数10%以下的为整齐；25%以上的为不整齐。

株形：植株的外部形态，开花期调查。塔形：植株自下而上逐渐缩小，呈塔形。筒形：植株上、中、下三部位大小相近，呈筒形。橄榄形：植株上下部位较小，中部较大呈橄榄形，又称腰鼓形。

株高：不打顶植株在第一青果期进行测量，自地表茎基处至第一蒴果基部的高度（单位：厘米，下同）。打顶植株在打顶后茎端生长定型时测量，自地表茎基处至茎部顶端的高度，又称茎高。现蕾期以前的株高，为自地表茎基处至生长点的高度。

茎围：第一青果期在株高1/3处测量茎的周长。

节距：第一青果期在株高1/3处测量上下5个叶位，每个叶位测量2个节距（共测量10个节距）的平均长度。

茎叶角度：于现蕾期的上午10时前，在株高1/3处测量叶片与茎的着生角度。分甚大（90°以上）、大（60°～90°）、中（30°～60°）和小（30°以内）四级。

叶序：以分数表示。自脚叶向上计起，把茎上着生长在同一方位的两个叶节之间的叶数作为分母；两叶节之间着生叶处的顺时针或逆时针方向所绕圈数作为分子表示。通常叶序有2/5、3/8、5/13等。

茸毛：现蕾期在上部叶片的背面调查，记载茸毛的多少。分多、少两级。

叶数：有效叶数：实际采收的叶数。着生叶数（或称总叶数）：自下而上至第一花枝处顶叶的叶数。苗期和大田期调查叶数时，苗期长度2cm以下的小叶、大田期长度5cm以下的小叶不计算在内。

叶片长宽：分别测量脚叶、下二棚、腰叶、上二棚和顶叶各个部位的长度和宽度。长度自茎叶连接处至叶尖的直线长度；宽度以叶面最宽处与主脉的垂直长度。

叶形：根据叶片的性状和长宽比例（或称叶形指数），以及叶片最宽处的位置确定。分椭圆形、卵圆形、心脏形和披针形。

椭圆形：叶片最宽处在中部。

a）宽椭圆形：长宽比为（1.6～1.9）：1；

b）椭圆形：长宽比为（1.9～2.2）：1；

c）长椭圆形：长宽比为（2.2～3）：1。

卵圆形：叶片最宽处靠近基部（不在中部）。

a）宽卵圆形：长宽比为（1.2～1.6）：1；

b）卵圆形：长宽比为（1.6～2.0）：1；

c）长卵圆形：长宽比为（2.0～3.0）：1。

心脏形：叶片最宽处靠近基部，叶基近主脉处呈凹陷状，长宽比为（1～1.5）：1。

披针形：叶片披长，长宽比为3.0：1以上。

叶柄：分有、无两种。自茎至叶基部的长度为叶柄长度。

叶尖：分钝尖、渐尖、急尖和尾尖四种。

叶耳：分大、中、小、无四种。

叶面：分皱折、较皱、较平、平四种。

叶缘：分皱折、波状和较平三种。

叶色：分浓绿、深绿、绿、浅绿、黄绿等。

叶片厚薄：分厚、较厚、中、较薄、薄五级。

叶肉组织：分细密、中等、疏松三级。

叶脉形态：主脉颜色：分绿、黄绿、黄白等；主脉粗细：分粗、中、细三级；主侧脉角度：在叶片最宽处测量主脉和侧脉着生角度。

注：5.1.12～5.1.21 以腰叶的调查结果为准。

2.3 生育特性

苗期生长势：在生根期调查记载。分强、中、弱三级。

大田生长势：分别在团棵期和现蕾期记载。分强、中、弱三级。

腋芽生长势：打顶后首次抹芽前调查。分强、中、弱三级。

发芽率测定：随机取100粒洁净种子，放入滤纸培养皿中作发芽试验。第七天测定发芽势（%），第十四天测定发芽率（%），以胚根伸出与种子等长时为发芽标准，取四次重复的平均值。

发芽势（%）＝7天内发芽种子粒数/受检种子数×100

发芽率（%）＝14天内全部发芽种子粒数/受检种子数×100

单叶重：取中部等级相同的干烟叶100片称其重量，以克表示。重复3次取平均值。

干烟率：干烟叶占鲜烟叶的百分率。在采收烟叶时随机取中部烟叶300片称重，经调制后达到定量水分时称重，计算出干烟率。

叶面积计算

单叶叶面积（m^2）＝0.634 5×（叶长×叶宽）

式中：0.634 5——烤烟计算叶面积时的常数。品种间有差异。

叶面积系数：指单位面积（通常用666.67m^2）的绿叶面积与土地面积之比。

叶面积系数＝平均单叶面积×单株叶数×每亩株数/666.67

根系：测量各时期根系的鲜、干重以及侧根数目，根系在土壤中自然生长的深度和广度（扩展范围）等。

2.4　烟草病害分级及调查方法

2.4.1　烟草根茎病害

2.4.1.1　烟草黑胫病

病害严重度分级

0级：全株无病；

1级：茎部病斑不超过茎围的二分之一，或半数以下叶片轻度凋萎，或下部少数叶片出现病斑；

2级：茎部病斑超过茎围的二分之一，或半数以上叶片凋萎；

3级：茎部病斑环绕茎围，或三分之二以上叶片凋萎；

4级：病株全部叶片凋萎或枯死。

调查方法：以株为单位，一般应在晴天中午以后调查。

a）普查

在发病盛期进行一次，作为对病害情况一般性的了解。选取若干不同类型的烟田，田间采用5点取样，每点不少于50株，计算病株率和病情指数。

b）系统调查

作为当地的主要病害，应进行系统调查，以便了解病害消长规律。自旺长开始至采收末期，田间固定5点取样，每点30～50株，每隔5天调查一次，计算发病率和病情指数，绘出田间消长曲线。

2.4.1.2　烟草青枯病和烟草低头黑病

病害严重度分级

0级：全株无病；

1级：茎部偶有褪绿斑，或在有条斑一侧有少数叶片凋萎；

2级：茎部有黑色条斑，但尚未达到顶部，或病侧半数以上叶片凋萎；

3级：茎部黑色条斑到达植株顶部，或病侧三分之二以上叶片凋萎；

4级：病株基本枯死。

调查方法：以株为单位，一般应在晴天中午以后调查。

2.4.1.3　烟草根黑腐病

病害严重度分级

0级：无病、植株生长正常，根无明显坏死；

1级：植株生长基本正常或稍有矮化，少数根坏死呈特异黑色，中下部叶片褪绿（或变色），中午萎蔫，夜间恢复；

2级：病株株高比健株矮四分之一至三分之一，或半数根坏死呈特异黑色，半数以上叶片萎蔫，中下部叶片稍有干尖、干边；

3级：病株比健株矮五分之二至二分之一，大部分根坏死呈特异黑色，三分之二以上叶片萎蔫，明显干尖、干边；

4级：病植株比健株矮二分之一，全株叶片凋萎，根全部坏死呈特异黑色，近地表的次生根明显受害。

调查方法：以株为单位。田间调查采用5点取样法，每点30～50株，计算发病率和病情指数。

2.4.2 烟草根结线虫病

2.4.2.1 病害严重度分级：田间生长期地上部观察，在拔根检查确诊为根结线虫危害后再进行调查。

0级：植株生长正常；

1级：烟株生长基本正常，叶缘叶尖部分变黄，但不干尖；

2级：病株比健株矮四分之一至三分之一，或叶片轻度干尖、干边；

3级：病株比健株矮三分之一以上，或大部分叶片干尖、干边或有枯黄斑；

4级：植株严重矮化，全株叶片基本干枯。

收获期检查，地上部分以株为单位，一般应在晴天中午以后调查。拔根检查分级标准如下：

0级：根部正常，无可见根结；

1级：三分之一以下根上有少量根结；

2级：三分之一至二分之一根上有根结；

3级：二分之一以上根上有根结，少量次生根上发生根结；

4级：所有根上，包括次生根上也长满根结。

调查方法：以株为单位。田间调查，采用5点取样，每点50～100株，计算发病率和病情指数。

2.4.3 烟草叶斑病害

病害严重度以全株为单位分级，适用于所有叶斑病害较大面积调查。

0级：全株无病；

0.5级：全株病斑很少（小病斑2mm以内不超过15个，5mm以内病斑不超过2个）；

1级：全株叶片有少量病斑（小病斑50个以内，大病斑2～10个以内）；

2级：三分之一以下叶片上有中量病斑（小病斑50～100个，大病斑10～20个）；

3级：三分之一至三分之二叶片上有病斑，病斑中量到多量（小病斑100个以上，大病斑20个以上），下部个别叶片干枯；

4级：三分之二以上叶片有病斑，病斑多、部分叶片干枯。

2.4.3.1　烟草白粉病

病害严重度分级（以叶片为单位）

0级：无病斑；

0.5级：病斑面积占叶片面积的1%以下；

1级：病斑以白粉覆盖面积占叶片面积的1%～5%；

2级：病斑以白粉覆盖面积占叶片面积的5%～20%；

3级：病斑面积占叶片面积的20%～35%；

4级：病斑面积占叶片面积的35%以上。

调查方法：一般只进行普查，但若是本地区的主要病害，还应进行系统调查。

a）普查

在病害发生盛期后进行，选取若干不同类型的烟田调查，每地块采用5点取样法，每点20株（整株按叶片分级调查），计算病叶率和病情指数。

b）系统调查

自团棵期开始，每5天1次，至采收末期止，田间5点取样，每点20株，计算病叶率和病情指数。

2.4.3.2　烟草赤星病

适用在调制过程中病斑明显扩大的叶斑病害，如野火病、角斑病等叶片烘烤后病斑面积一般扩大60%～70%的病害。

病害严重度分级（以叶片为单位）

0级：全叶无病；

0.5级：病斑面积占叶片面积的1%以下；

1级：病斑面积占叶面积的1%～5%；

2级：病斑面积占叶面积的5%～10%；

3级；病斑面积占叶面积的10%～20%；

4级：病斑面积占叶面积的20%以上。

调查方法

a）普查

在病害发病盛期后进行，一般进行一次，采取5点取样，每点20株，以叶片为单位分级调查，计算病叶率和病情指数。

b）系统调查

按烟草生育阶段进行，一般在发病初期开始，每5天1次，调查直至采收末期。采用5点取样，每点20株，以叶片为单位进行整株调查，计算发病率和病情指数。

2.4.3.3　烟草蛙眼病、炭疽病、气候性斑点病、烟草蚀纹病及坏死性病毒病、烟草环斑病毒病等，包括叶片烘烤后病斑面积无明显扩大的叶部病害

病害严重度分级

0 级：全叶无病；

0.5 级：病斑面积占叶片面积的 1%以下；

1 级：病斑面积占叶面积的 1%～5%；

2 级：病斑面积占叶面积的 5%～20%；

3 级：病斑面积占叶面积的 20%～35%；

4 级：病斑面积占叶面积的 35%以上。

调查方法：同烟草赤星病。

2.4.4 烟草普通花叶病、烟草黄瓜花叶病、烟草脉带病

病害严重度分级

0 级：全株无病；

1 级：心叶脉明或轻微花叶，或上部三分之一叶片花叶但不变形，植株无明显矮化；

2 级：三分之一至二分之一叶片花叶，或少数叶片变形，或主脉变黑，植株矮化为正常株高的三分之二以上；

3 级：二分之一至三分之二叶片花叶、或变形或主侧脉坏死，或植株矮化为正常株高的三分之二至二分之一；

4 级：全株叶片花叶，严重变形或坏死，病株矮化为正常植株高度的二分之一以上至三分之一。

调查方法：以株为单位分级调查。

普查：在病害盛发期调查。田间调查采用 5 点取样，每点 50 株，计算发病株率和病情指数。

系统调查：大田自团棵开始，每 5 天调查 1 次，直至打顶。田间 5 点取样，每点不少于 50 株，计算病株率和病情指数。

2.4.5 病情统计方法

$$\text{发病率（\%）} = \text{（发病株数/调查总株数）} \times 100$$

$$\text{病情指数} = \frac{\sum(\text{各级病株或叶数} \times \text{该病级值})}{\text{调查总株或叶数} \times \text{最高级值}} \times 100$$

2.5 烤烟虫害调查方法

2.5.1 烟蚜

春季越冬寄主调查：桃树等在卵孵化前调查一次蚜卵量：选择桃树 30 株，每株按不同方位、不同层次调查 10 根 17cm 枝条，记载有卵枝数和每枝卵量。

在蚜虫迁飞之前调查虫源基数：选择桃树 30 株，每株按不同方位、不同层次调查 10 根 17cm 枝条，记载有蚜枝数和蚜虫数，一般进行 1～2 次。

越冬十字花科植物及杂草上虫源基数调查：这是南方烟区蚜虫主要来源及越冬场所，其应作为调查重点。主要调查油菜及其他主要越冬寄主，在 2 月至移栽前逢十调查，采用 5 点取样，每点调查 20 株，计算有蚜株率和蚜虫数，调查一次即可。

烟蚜田间种群数量系统调查：主要了解田间烟蚜种群数量消长规律及影响其消长的主要因素，明确其消长与其他有关因素之间的关系，寻找最佳防治时期。每块田采取 5 点取样法，定点定株，每点 6 株，全田共 30 株，从移栽开始，每 5 天调查一次，详细记载每株有翅蚜量、无翅蚜量及其天敌的种类、虫态和数量。当调查至田间蚜虫数量下降到最低点又开始回升时，改为每 3 天调查一次，直至烟株打顶。

有翅蚜调查：主要了解迁入烟田有翅蚜的种类及发生规律，分析其与烟田蚜传染毒病的关系，一般从苗床揭膜开始，在苗床区内设置 3 个黄皿诱蚜，黄皿直径 35cm，高 5cm，皿内底部及内壁涂金盏黄油漆，外壁涂黑色油漆。黄皿距地面高度为 1m，两皿相距 40m 左右，当皿内颜色减弱（褪色时），用新涂黄皿更换，每天上午 8 点收集皿内全部蚜虫（为能充分反映当天的虫量，也可改为下午收集蚜虫，但同一测报点取虫时间要统一），统计蚜虫数量并注明日期，将蚜虫保存于盛有 75%酒精的小瓶内，以备种类鉴定。移栽后，将黄皿移入大田，继续进行调查。

2.5.2　夜蛾类（含大小地老虎、烟青虫、棉铃虫及斜纹夜蛾）

成虫调查：诱集成虫是为了及早预报夜蛾类害虫的发生期及发生量，其方法主要采用性诱剂诱集成虫。诱捕器可用直径 30cm 瓦盆或塑料盆制成，盆内盛含有少量洗衣粉或洗涤精的清水。盆口上绑有十字交叉的铝片，在交叉处固定一个大头针，针头向上，将诱芯面向下，固定在针头上，以免凹面内存有雨水，盆内水面距诱芯 1cm，田间设置方法可参考黄皿的使用方法，同一区域使用同一厂家生产的诱芯。性诱剂应每 20 天更新一次。夜蛾类成虫在晚上飞入皿内，应在每天早晨 8：00 前统计皿内蛾数，以防白天被鸟取食掉。

越冬基数调查：于 2 月中旬，调查前茬主要为烟草或辣椒等茄科作物的旱地，采取 5 点取样，每点至少 $10m^2$ 细查 0～15cm 深的土壤中地老虎及烟青虫（包括幼虫和蛹）数量。

2.5.3　田间查卵和幼虫

卵调查：从诱蛾量下降的第三天，开始调查田间烟株上的着卵量及有卵株率，每块田 100 株（采用 5 点取样，每点 20 株），每 5 天调查一次，记载卵的数量。

幼虫调查：采取 5 点取样法，每点调查 20 株，每块田调查 100 株，每 5

天调查一次，记载幼虫的不同虫龄及其数量。

2.6 烟叶烘烤观察记载方法

2.6.1 烤前记载

基本情况：记录烤房地点，烘烤方法，烤房编号，装烤炉次、品种、部位、烟叶成熟度、采收、装烟、点火时间，装烟竿数，装烟数量（公斤）等。

烘烤预测：烤前应估计鲜干比、预测烟叶含水量，推算出装水量，供作湿球控制的依据。同时预测烤后应达到的质量标准，作为烘烤时追求的目标。

2.6.2 烤中记载

烘烤过程中按时详细记录烟叶变化，温、湿度控制高低，烧火大小，天窗、地洞开关程度、用煤数量、天气变化等情况，以供总结时参考。

烘烤时间：从点火时开始至停火时结束，每隔 2～4 小时观察记录一次烟叶变化及相应的烧火、排湿等操作情况。

烟叶变化：以底台烟层为准，结合看顶台，上下比较，判断全炉烟叶变化进展情况。

烧火：记载火力大小，烧煤多少（烧木柴的，按发热值折算为标准煤），升温、控温等加热操作。

排湿：记载天窗、地洞开关大小程度等排湿、保湿操作。

天气变化：记载晴、阴、雨（小雨、中雨、大雨，暴风暴雨）。

其他：记载调竿，防风调火，修补火管等其他事项。

2.6.3 烤后记载

记录出炉烟叶的质量是否一致，出烟时观察台与台之间和各平面层之间的质量差异；如有色泽不鲜、挂灰、黑糟等弊病，应详细记载；并选取有代表性的烟叶 3～5 竿，分级称重，评定烘烤质量，同时记录全炉烤出干烟数量，全炉总耗煤量，全炉总排水量，计算出斤烟耗煤量，斤煤排水量，热能利用率等。

烘烤评价：根据鲜烟质量，烤前预测，烤中记录和烤后结果，正确评价烘烤的成绩与问题，为下一次采收、编烟、装烟和烘烤操作提出参考意见，炉炉总结，不断提高烟叶烘烤质量。

2.7 烟叶产量品质性状

产量：初烤烟叶的实际重量（kg/667m^2）。

成熟度：指调制后烟叶的成熟程度（包括田间成熟度和调制成熟度），成熟度划分为五个档次：完熟、成熟、尚熟、欠熟、假熟。

油分：烟叶内含有的一种柔软半液体或液体物质，根据感官感觉分为：

多、有、稍有、少。

色度：烟叶表面颜色的饱和程度、均匀度和光泽强度。分为浓、强、中、弱、淡五个档次。

颜色：初烤烟叶的颜色有柠檬黄、橘黄、红棕、微带青、青黄、杂色六个类型。

叶片结构：烟叶细胞排列的疏密程度。分为疏松、尚疏松、稍密、紧密。

身份：指烟叶厚度、细胞密度或单位面积的重量。以厚度表示，分为：厚、稍厚、中等、稍薄、薄。

各等级烟叶比率：按 GB 2635 对试验烟叶样品进行分级，计算各处理烤后烟叶的上等烟叶比率、中等烟叶比率和下低等烟叶比率。

3　观测记载的注意事项

3.1　取样要有代表性

调查记载一般是通过取样的方式进行的。用小面积取样来判断全田的情况，如果取样方法不好，常能导致很大的误差，因而取样要力求做到公平合理和具有足够的代表性。地头、边行、缺苗的地方以及植株生长肉眼能看出差异的地方，不能代表全田的真实情况，取样时要尽可能避开。特别是要注意“边际效应”的影响，由于光、温度、水分及通风等情况的不同，在生育表现上就具有一定程度的差别，取样时应避免在边行取样。

3.2　合理选择取样点

一般采用 5 点取样法，即在每个试验区内随机或按对角线方法选取有代表性的五点进行调查，若试验区过小也可选取 3 点，大的可以取 9 点。如果调查产量结果，在取样调查的基础上，应当将整个试验小区产量统计出来按实际产量折合成亩产。

3.3　数字单位采用法定计量单位

重量计量：统一采用千克（kg）、克（g）作单位。

长度计量：统一采用米（m）、厘米（cm）作单位。

面积计量：统一采用平方米（m^2）或公顷（hm^2）作单位。

容量计算：统一采用升（L）、毫升（mL）作单位。

体积计量：统一采用立方米（m^3）、立方厘米（cm^3）作单位。

3.4　降低人为试验误差

同一个试验的同一项目调查应由同一个人或统一培训的人员进行，以降低由操作带来的试验系统误差，提高试验结果的精确程度。

3.5　及时妥善处理试验资料

试验观测记载取得的数据资料，应及时整理，输入计算机，形成规范的数据库，便于及时进行统计分析，对试验作出科学的结论。

9.4 烟草集约化育苗技术规程 第1部分：漂浮育苗（GB/T 25241.1—2010）

烟草集约化育苗技术规程

第1部分：漂浮育苗

1 范围

GB/T 25241 的本部分规定了烟草漂浮育苗成苗要求及育苗技术。

本部分适应于烟草漂浮育苗生产。

2 规范性引用文件

下列文件中的条款通过 GB/T 25241 的本部分的引用而成为本部分的条款。凡是注日期的引用文件，其随后所有的修改单（不包括勘误的内容）或修订版均不适用于本部分，然而，鼓励根据本部分达成协议的各方研究是否可使用这些文件的最新版本。凡是不注日期的引用文件，其最新版本适用于本部分。

GB 4455 农业用聚乙烯吹塑棚膜

GB/T 18621 温室通风降温设计规范

GB/T 18622 温室结构设计荷载

GB/T 20202 农业用乙烯-乙酸乙烯酯共聚物（EVA）吹塑棚膜

GB/T 25240 烟草包衣丸化种子

JB/T 10286 日光温室结构

JB/T 10288 连栋温室结构

YC/T 310 烟草漂浮育苗基质

3 术语和定义

下列术语和定义适用于 GB/T 25241 的本部分。

3.1 漂浮育苗 seedling with float system

在温室或塑料棚内利用成型的聚苯乙烯格盘作为载体，装填以人工配制的适宜基质后，将格盘漂浮于含有营养成分的育苗池水中，完成种子的萌发及成苗过程的烟草育苗方式。

3.2 苗龄 seedling age

从出苗期至成苗的天数。

4 成苗要求

苗龄 55～75d，单株叶数 6～8 片，茎高 10～15cm，茎围 1.8～2.2cm。烟

苗健壮无病虫害，叶色正绿，根系发达，茎秆柔韧性好，烟苗群体均匀整齐。

5　育苗场地选择及周边设施

5.1　苗棚选址

5.1.1　选择建棚场地时，应根据种烟面积建造苗棚。

5.1.2　苗棚选址应在避风向阳，小气候利于保温，地势平坦，靠近洁净水源（井水、自来水），交通方便的地方。

5.1.3　不应在马铃薯地、蔬菜地（特别是番茄、辣椒等）、油菜地建造苗棚；不应在风口处、山脚下、地下水位较高的地方建造苗棚。并应远离烟草生产场所。

5.2　周边设施

育苗区域应有以下设施：

隔离带；

禁止吸烟警示牌；

入口处应设鞋底消毒池和洗手池；

病残体和苗床垃圾处理设施。

6　育苗设施与材料

6.1　苗棚的建造

苗棚的建造应符合GB/T 18621、GB/T 18622、JB/T 10286、JB/T 10288的要求。

6.2　格盘

采用聚苯乙烯泡沫格盘，单穴容积约27mL，单钵呈倒梯台状，底部小孔直径0.5～0.6cm。

6.3　育苗池

育苗池为长方形，面积根据各地格盘的规格而定，深度为5～20cm。育苗池底部平整拍实，宜用除草剂和杀虫剂喷洒池底。用0.10～0.12mm的黑色薄膜铺底。也可采用成型的育苗池。

6.4　覆盖物

6.4.1　防虫网

应采用0.425～0.600mm（30～40目）白色尼龙网。

6.4.2　棚膜

棚膜质量要求按GB 4455和GB/T 20202的规定执行。

6.4.3　遮阳网

在光照较强的烟区宜使用遮光率70%～80%的黑色遮阳网。

6.4.4　保温材料

应备有育苗棚保温用保温材料，如草帘。

7 水源和水质

苗床用水应清洁、无污染，宜进行水质分析，漂浮育苗水质要求见表1。可用自来水、井水，不应使用坑塘水或污染的河水。

表1 烟草漂浮育苗水质成分允许范围

指　标	要　求
pH	6.0～7.0
碱度（mg/kg）	50～100
硝态氮（mg/kg）	0～5.0
磷（mg/kg）	0～5.0
钾（mg/kg）	0～5.0
钙（mg/kg）	40～100
锌（mg/kg）	15～50
铜（mg/kg）	0～2.0
铁（mg/kg）	0～2.0
锰（mg/kg）	0～2.0

8 基质

按 YC/T 310 中的规定执行。

9 基质装盘和播种

9.1 基质装盘

9.1.1 装盘原则：均匀一致，松紧适度。

9.1.2 选择平整、卫生的场地作为装盘场地。装盘前湿润基质，使基质含水量达到30％～40％。检查并充实未装满基质的育苗孔。应防止装填过于紧实。装填、播种、入池应在1d内完成。

9.2 播种

9.2.1 种子

选用包衣种子，按 GB/T 25240 的规定执行。

9.2.2 播种时间

根据苗龄和移栽时间往前推算播种时间。

9.2.3 播种量

人工或者机械播种，每穴播1粒包衣种子。

9.2.4 覆盖

均匀覆盖约2mm厚基质。

10　营养管理

根据水的容量决定施入肥料的量。

出苗后（或者播种前）施入烟草漂浮育苗专用肥，使苗池水中氮素浓度达到100 mg/kg。烟苗5～7片真叶期加1～2次肥料，肥料用量同前。每次施肥时检查苗池水位，若水位下降应注入清水至起始水位。

11　苗棚管理

11.1　温湿度管理

11.1.1　温度管理

从播种到出苗，棚内温度控制在20～28℃，以获得最大的出苗率。

在烟苗大十字以前，以保温为主，棚内温度应控制在30 ℃以内，若低于15 ℃，应及时采取保温措施。而大十字以后，棚内温度应控制在35 ℃以内，若高于此，则应及时采用通风、换气、遮阴等方法降温。

11.1.2　湿度管理

播种到齐苗控制棚内相对湿度在85%左右，小十字期控制棚内湿度在75%左右，大十字期以后保持55%～65%。当湿度偏小时，延长密闭棚膜的时间，减少通风次数；当湿度偏大时，增加通风次数或延长通风时间。使烟苗始终在比较适宜的温湿度条件下生长，增强烟苗抗逆能力。

11.2　剪叶

剪叶时操作人员和剪叶工具应严格消毒。

封盘后开始剪叶，在距生长点3cm以上位置。视烟苗的大小和长势修剪3～5次。

剪叶应在叶片无露水时进行。剪叶后应及时清理留在格盘上的叶片残屑。

对于发病或有疑似病症的格盘不剪叶，应及时拔除发病烟苗，同时对有疑似病症的格盘加强药剂防治。

12　炼苗

移栽前7～10d开始采取控水、控肥、昼夜通风等措施炼苗，炼苗程度以烟苗不发生永久性萎蔫为度。炼苗时应保留防虫网。

13　病害防治

13.1　生理性病害

13.1.1　盐害

高温、低湿和通风过大，都可促进基质表面水分的大量蒸发，导致苗穴上部肥料盐分的积累，造成盐害死苗。出苗后到大十字期间，是易于发生盐害的阶段，由于出苗时间长，加之幼苗对养分吸收利用少，通过基质表面水分蒸发，使肥料易于富集到苗穴基质的上部。发生盐害的格盘可见基质表面发白，有盐分析出，通过喷水淋溶，即可消除盐害。

13.1.2 冷害

早春育苗，由于气温不稳定，有时会出现持续寒流，棚温夜间陡降，造成幼苗冷害。一般情况下经过4～5d连续的回暖条件，烟苗可自行恢复正常生长。如果气温低于10℃，苗棚夜间应加盖保温材料。

13.1.3 热害

晴天中午，气温过高，若揭膜不及时，棚内温度持续高于35℃，则出现热害，特别是在种子萌发和出苗阶段，可导致烟苗死亡。

13.1.4 微量元素缺乏或铵中毒

营养液的pH应保持在6.0～7.0，以避免出现缺素症或中毒症。

常见的缺素症是缺铁，出现缺铁症，只要调整pH，加入适量铁源（如$FeSO_4$或螯合铁），症状很快就消失。

铵态氮肥施入量过高，会出现铵中毒，典型的症状是：叶绿上卷，变厚，叶色深绿，后期叶缘枯焦。

13.2 侵染性病害及虫害

猝倒病、黑胫病、炭疽病是漂浮育苗生产中的主要病害，苗床卫生是苗床防病的最主要措施，苗床经常通风排湿、加强光照是减少发病的重要条件。必要时应使用国家烟草行政主管部门推荐的相应药剂防治。

13.3 控制绿藻

苗床空气湿度过高，或采用腐熟不充分的秸秆为基质材料，水面直接受光时易产生绿藻。绿藻对成苗期的烟苗影响不大。控制绿藻的具体做法如下：

在制作苗池时，依照格盘的数量确定苗池的大小，使格盘摆放后不暴露水面，若有露出地方，宜用其他遮光材料将其覆盖；

采用黑色塑料薄膜铺池；

加强通风，降低棚内湿度；

盘面喷施0.025%的硫酸铜溶液，进行杀藻。

14 消毒技术

14.1 育苗前的消毒

14.1.1 育苗场地消毒

播种前应对育苗场地消毒，用维绿粉剂400倍液、消毒灵400倍液、育宝150倍液喷施等消毒液对场地周围、拱架进行喷雾消毒；或用漂白粉干粉撒施在育苗池和苗棚四周杀灭病菌。同时做好虫害防治工作。

14.1.2 旧格盘、池膜消毒

提前3～7d，消毒剂可使用30%漂白粉10倍液，或者10%二氧化氯150倍液等。消毒处理方法：

喷洒和浸湿，然后用塑料膜覆盖保湿2～6d，延长时间效果更好；

直接浸泡 20min 以上，延长时间效果更好；

处理后用清水清洗，防止影响出苗率，晾干后方可铺垫或装盘播种。

14.2　剪叶工具消毒

可使用 30%有效氯漂白粉 10 倍液、98%磷酸三钠 10 倍液、7%有效氯的次氯酸钠 150 倍液或 75%酒精，接触剪叶工具 3min 以内；也可用 10%二氧化氯 200 倍液，接触剪叶工具 3～30min；或者用 40%育宝 150 倍液，接触时间 30min 以上。

14.3　移栽结束后格盘消毒

移栽结束后，应先进行格盘消毒和清洗后，再保存。首先冲刷掉黏附在格盘上的基质和烟苗残体，将消毒液均匀洒在格盘上，或将格盘在消毒液中浸湿后堆码，用塑料布覆盖，在太阳下密闭 7～10d。利用高温高湿和消毒药剂，加快格盘上烟草残体的腐烂和病原菌的死亡，消毒后用清水洗干净。

15　育苗材料的回收和贮藏

格盘、薄膜等育苗材料处理后应贮藏在清洁、干燥、无鼠害的地方。

9.5　烟草害虫预测预报调查规程　第 1 部分：蚜虫 (YC/T 340.1—2010)

烟草害虫预测预报调查规程

第 1 部分：蚜虫

1　范围

YC/T 340 的本部分规定了烟蚜越冬虫源基数调查、有翅蚜迁飞调查、系统调查、大田普查、烟蚜发生程度划分方法，以及测报资料的收集、汇报和汇总方法。

本部分适用于烟田蚜虫的预测预报调查。

2　规范性引用文件

下列文件对于本文件的应用是必不可少的。凡是注日期的引用文件，仅注日期的版本适用于本文件。凡是不注日期的引用文件，其最新版本（包括所有的修改单）适用于本文件。

GB/T 15799 棉蚜测报调查规范

GB/T 23222 烟草病虫害分级及调查方法

3　术语和定义

下列术语和定义适用于 YC/T 340 的本部分。

3.1 系统调查 systematic investigation

为了解一个地区烟田害虫的发生动态而进行的定点、定时、定方法的调查。

3.2 大田普查 general field investigation

为了解一个地区烟田害虫的整体发生情况而在较大范围内进行的多点调查。

3.3 挽回损失 saved loss

防治某种害虫后挽回的烟叶产量或产值损失，即防治区比未防治区增加的产量或产值。

3.4 实际损失 actual loss

防治后仍因残存害虫造成的烟叶产量或产值损失。

4 越冬虫源基数调查

4.1 调查时间

在烟蚜越冬卵孵化前后和有翅蚜向烟田迁飞以前调查。

4.2 调查寄主

烟蚜以木本植物为主要越冬寄主的地区，选择桃树等主要寄主植物进行调查；以草本植物为主要越冬寄主的地区，选择油菜、菠菜、苔菜以及主要杂草寄主等进行调查；两种越冬方式兼有的地区，同时进行以上两种调查。

4.3 调查取样方法

4.3.1 木本寄主植物

在烟蚜越冬卵孵化之前调查一次越冬卵数量，5 点取样，每点 5 株，共选择桃树（或其他主要寄主植物）25 株，在每株桃树的东、西、南、北、中 5 个方向各选择 15cm 长枝条 2 个，记载有卵枝数和每枝卵量，并计算有卵枝率，共调查一次。

在越冬卵孵化后、蚜虫迁飞之前调查虫源基数，取样方法同上，记载有蚜枝数和有翅蚜、无翅蚜数量，共调查两次，两次相隔 7d 左右。记载表格见附录 A。

4.3.2 草本寄主植物

在有翅蚜迁飞前，采用 5 点取样，每点调查 10 株，调查有翅蚜、无翅蚜数量，计算有蚜株率，共调查两次，两次相隔 7d 左右。记载表格见附录 A。

5 有翅蚜迁飞调查

5.1 黄皿制作与设置

黄皿为圆盘形，用铁皮制作，直径 35cm，高 5cm。在皿高三分之二处打若干溢水孔，并用 60 目纱网封住，防止蚜虫随雨水流出。皿内底部及内壁涂黄色油漆（黄色光波长以 538.9～549.9nm 最佳），外壁涂黑色油漆。当皿内黄颜色减弱时，重新涂漆或更换黄皿。

黄皿设在便于调查的田间，调查区大田生产面积不少于 $1hm^2$，调查地点周边应避免有干扰蚜虫活动的色谱源。在育苗中期于苗床周围设置黄皿诱蚜，移栽后将黄皿移入大田系统调查观测圃中。每测报点设置两个黄皿，两皿相距 50m。皿距地面高度为 1m，当烟株生长至与黄皿底部等高时，调整黄皿高度使之高于烟株 10～15cm

5.2　调查时间

育苗中期开始调查，烟株打顶后结束。

5.3　调查方法

每天上午 8 点至 9 点收集皿内全部蚜虫，保存于盛有 75%酒精的小瓶内并带回室内观察，区分有翅烟蚜与其他种类的有翅蚜，计数并注明日期，同时记录每天天气情况。每次调查时检查皿内水量，保持皿内水深接近溢水孔。记载表格见附录 A。

6　系统调查

6.1　调查时间

烟草移栽后开始调查，烟株打顶后结束。

6.2　调查田块

选择有代表性的烟田 2～3 块作为观测圃，每块田面积不少于 $667m^2$，调查期间不施用杀虫剂，其他管理同常规大田。观测圃内种植感虫品种，且品种和系统调查田块均应相对固定。

6.3　调查方法

采用对角线 5 点取样方法，定点定株，每点顺行连续调查 10 株。每 5d 调查一次，当蚜虫数量剧增时改为每 3d 调查一次，记载有蚜株数及每株烟草上的有翅蚜、无翅蚜数量，计算有蚜株率及平均单株蚜量，有蚜株率及平均单株蚜量计算方法见 GB/T 23222。记载表格见附录 A。

7　大田普查

7.1　普查时间

在烟草移栽后 10d、团棵期、旺长期分别进行 3 次较大面积普查，均应在大面积防治前进行，同一地区每年调查时间应大致相同。

7.2　普查田块

综合考虑当地品种、种植区域、生态条件等因素，选择有代表性的田块，调查田块数量应不少于 10 块，每块烟田面积不少于 $667m^2$，普查面积占当地植烟面积的比例应不小于 1%。

7.3　普查方法

采用对角线 5 点取样方法，每点不少于 10 株，调查整株烟蚜数量，记载有蚜株数、有翅蚜和无翅蚜数量。若在烟草团棵期或旺长期进行普查，亦可采用蚜量指数来表示烟蚜的为害程度，选取10块以上有代表性的烟田，采用对角线5点取样方法，每点不少于20株，按GB/T 23222的蚜量分级标准，调查烟株顶部已展开的5片叶，记载每片叶的蚜量级别，计算蚜量指数，记载表格见附录A。

8 天敌调查方法

在每次进行烟蚜系统调查的同时，调查烟株和地面上的烟蚜天敌种类、虫态及数量，调查方法同6.3，将天敌的数量按GB/T 15799的方法分别折算成百株天敌单位。记载表格见附录A。

9 发生程度划分标准

烟蚜发生程度分为6级，主要以当地烟蚜发生盛期的平均单株蚜量（X）来确定，分级指标如下：

0级（无发生）：0；

1级（轻发生）：$0<X\leqslant10$；

2级（中等偏轻发生）：$10<X\leqslant50$；

3级（中等发生）：$50<X\leqslant100$；

4级（中等偏重发生）：$100<X\leqslant200$；

5级（大发生）：$X>200$。

10 测报资料收集、调查数据汇报和汇总

10.1 测报资料收集

需要收集的测报资料包括：

a）当地种植的主要烟草品种、播种期、移栽期、种植面积、种植制度、施肥情况等；

b）当地气象台（站）主要气象要素的实测值和预测值。

10.2 测报资料汇报

各级测报站点每5d将相关报表（报表格式见附录A）报上级测报部门。

10.3 测报资料汇总

对烟蚜发生期和发生量进行统计，结果记于附录A。记载烟草种植和烟蚜发生、防治情况，总结发生特点，进行原因分析（见附录A），将原始记录与汇总材料装订成册，并作为档案保存。

附录 A

烟草害虫测报调查资料表册

蚜　虫

（　　　　年）

测报站：____________________

地址：____________________

（北纬：______东经：______海拔：______）

测报员：____________________

负责人：____________________

表 A.1　木本寄主烟蚜越冬虫源基数调查原始记载表（　　年）

地点：　　　　　　　　　寄主：　　　　　　　　　日期：　　　　　　　调查人：

株序	株数	东部			西部			南部			北部			中部			合计		
		有翅蚜（头）	无翅蚜（头）	卵（个）	有翅蚜（头）	无翅蚜（头）	卵（个）	有翅蚜（头）	无翅蚜（头）	卵（个）	有翅蚜（头）	无翅蚜（头）	卵（个）	有翅蚜（头）	无翅蚜（头）	卵（个）	有翅蚜（头）	无翅蚜（头）	卵（个）
1	1																		
	2																		
2	1																		
	2																		
3	1																		
	2																		
合计																			
平均																			

有蚜枝数		有蚜枝率（%）	
有卵枝数		有卵枝率（%）	

表 A.2　木本寄主烟蚜越冬虫源基数调查汇总表（　　年）

调查人：

日期		地点	寄主	枝条数量（个）	卵（个）	无翅蚜（头）	有翅蚜（头）	平均单枝蚜量（头）	平均单枝卵量（个）	有蚜枝率（%）	有卵枝率（%）	备注
月	日											

表 A.3　草本寄主烟蚜越冬虫源基数调查原始记载表（　　年）

地点：________　寄主：________　日期：________　调查人：________

样点	株序	有翅蚜（头）	无翅蚜（头）	总蚜量（头）	备注
1	1				
	2				
	3				
	4				
	5				
	6				
	7				
	8				
	9				
	10				
2	1				
	2				
	3				
	4				
	5				
	6				
	7				
	8				
	9				
	10				
合计					
平均					
有蚜株数			有蚜株率（%）		

表 A.4　草本寄主烟蚜越冬虫源基数调查汇总表（　　年）

调查人：________________

日期		地点	寄主	调查株数	无翅蚜（头）	有翅蚜（头）	总蚜量（头）	平均单株蚜量（头）	有蚜株率（%）	备注
月	日									

表 A.5　黄皿诱蚜记载表（　　年）

地点：________________　调查人：________________

日期		1号器皿		2号器皿		平均		天气	备注
月	日	烟蚜（头）	其他蚜虫（头）	烟蚜（头）	其他蚜虫（头）	烟蚜（头）	其他蚜虫（头）		

表 A.6　烟蚜及其天敌系统调查原始记载表（　　年）

地点：__________　品种：__________　日期：__________　调查人：__________

样点	株序	烟蚜数量（头）			天敌数量（头）						备注
		有翅蚜	无翅蚜	总蚜量	瓢虫	食蚜蝇	草岭	僵蚜	蚜茧蜂		
1	1										
	2										
	3										
	4										
	5										
	6										
	7										
	8										
	9										
	10										
2	1										
	2										
	3										
	4										
	5										
	6										
	7										
	8										
	9										
	10										
…	…	…	…	…	…	…	…	…	…	…	…
合计											
平均											

表 A.7 烟蚜系统调查汇总表（　　年）

日期		地点	品种	生育期	调查株数	有翅蚜（头）	无翅蚜（头）	总蚜量（头）	平均单株蚜量（头）	有蚜株率（%）	备注
月	日										

表 A.8 烟蚜大田普查表（　　年）

调查人：__________

日期		地点	地块编号	面积 $667m^2$	品种	生育期	调查株数	有蚜株数	有蚜株率（%）	蚜量指数	备注
月	日										

表 A.9　烟蚜天敌调查汇总表（　　年）

调查人：________________

日期		地点	调查株数	天敌种类及数量/头							折算百株天敌单位（个）	备注
月	日			瓢虫	食蚜蝇	草蛉	僵蚜	蚜茧蜂				

表 A.10　烟蚜发生、防治基本情况记载表（　　年）

调查人：________________

植烟面积（hm^2）	耕地面积（hm^2）	植烟面积占耕地面积比例（%）
主栽品种	播种期（月/日）	移栽期（月/日）
发生面积（hm^2）	占植烟面积比例（%）	
防治面积（hm^2）	占植烟面积比例（%）	
发生程度	实际损失（kg）	挽回损失（kg）

烟蚜发生与防治概况及简要分析

年　月　日

9.6 烟草病害预测预报调查规程 第2部分：蚜传病毒病（YC/T 341.2—2010）

烟草病害预测预报调查规程

第2部分：蚜传病毒病

1 范围

YC/T 341的本部分规定了传毒媒介烟蚜早春虫源基数调查、有翅蚜迁飞调查、蚜传病毒病系统调查、大田普查、发生程度划分方法等，以及测报资料的收集、汇报和汇总方法。

本部分适用于各级测报站点对烟草黄瓜花叶病毒病、烟草马铃薯Y病毒病、烟草蚀纹病毒病等蚜传病毒病的预测预报调查。

2 规范性引用文件

下列文件对于本文件的应用是必不可少的。凡是注日期的引用文件，仅注日期的版本适用于本文件，凡是不注日期的引用文件，其最新版本（包括所有的修改单）适用于本文件。

GB/T 23222 烟草病虫害分级及调查方法

YC/T 340.1 烟草害虫预测预报调查规程 第1部分：蚜虫

YC/T 341.1 烟草病害预测预报调查规程 第1部分：赤星病

3 术语和定义

YC/T 341.1界定的术语和定义适用于YC/T 341的本部分。

4 调查依据

4.1 早春传毒媒介虫源基数调查

同YC/T 340.1中的要求。

4.2 传毒媒介有翅蚜迁飞调查方法

同YC/T 340.1中的要求。

5 系统调查

5.1 调查时间

烟草5～6叶期调查一次，烟草移栽后开始每5d调查一次，打顶后结束。

5.2 调查田块

选择有代表性的苗床和烟田，种植品种为常年稳定感病品种，苗床不少于10个，烟田面积不少于667m^2，调查期间不施用抗病毒剂，其他管理同常规大田。系统调查田块应常年相对固定。

5.3　调查方法

每个苗床随机调查100株烟苗。移栽后大田调查采用对角线5点取样方法，定点定株，每点顺行连续调查至少50株。记载发病率和病情指数，计算方法按GB/T 23222的要求执行，并填写记载表格（见附录A）。

6　大田普查

6.1　普查时间

在烟草成苗期、团棵期、旺长期、打顶期分别进行4次普查，同一地区每年调查时间应大致相同。

6.2　普查田块

以当地主栽品种为主，选择有代表性的田块，调查田块数量应不少于10块，每块烟田面积不少于667m^2。普查总面积不少于当地种植面积的1%。

6.3　普查方法

采用对角线5点取样方法，每点不少于50株，调查发病率和病情指数，计算方法按GB/T 23222的要求执行。记载表格见附录A。

7　发生程度划分标准

烟草蚜传病毒病发生程度分为6级，以发生盛期的平均病情指数（以M表示）确定，病情指数计算按GB/T 23222的要求执行。各级指标见表1。

表1　烟草蚜传病毒病发生程度分级指标

级别	0 （无发生）	1 （轻度发生）	2 （中等偏轻发生）	3 （中等发生）	4 （中等偏重发生）	5 （严重发生）
病情指数	0	$0<M\leqslant 5$	$5<M\leqslant 520$	$20<M\leqslant 35$	$35<M\leqslant 50$	$M>50$

8　测报资料收集、调查数据汇报和汇总

8.1　测报资料收集

需要收集的测报资料包括：

a）当地种植的主要烟草品种、播种期、移栽期、种植面积、种植制度等；

b）当地气象台（站）主要气象要素的实测值和预测值。

8.2　测报资料汇报

区域性测报站每5d将相关汇总报表（报表格式见附录A）报上级测报部门。

8.3　测报资料汇总

对蚜传病毒病发生期和发生程度进行统计，结果记于附录A。记载烟草种植和蚜传病毒病发生、防治情况，总结发生特点，进行原因分析（见附录A），将原始记录与汇总材料分别装订成册，并作为档案保存。

附录 A

烟草病害测报调查资料表册

蚜传病毒病

（　　年）

测报站：______________________

地址：______________________

（北纬：______东经：______海拔：______）

测报员：______________________

负责人：______________________

表 A.1　烟草蚜传病毒病系统调查原始记载表

调查日期：________　调查地点：________　调查人：________

调查点序号	各病级株数						病株率（%）	病情指数	备注
	0	1	3	5	7	9			
1									
2									
3									
4									
5									
6									
7									
8									
9									
10									
平均									

表 A.2　烟草蚜传病毒病普查调查记载表

调查日期：________　调查地点：________　调查人：________

调查田块序号	各病级株数						病株率（%）	病情指数	备注
	0	1	3	5	7	9			
1									
2									
3									
4									
5									
6									
7									
8									
平均									

表 A.3　烟草蚜传病毒病系统调查汇总表

调查日期	调查地点	地块类型	品种	生育期	调查株数	病株数	病株率（%）	病情指数	备注

表 A.4　烟草蚜传病毒病普查调查汇总表

调查日期	调查地点	地块编号	品种名称	生育期	田块面积/667m²	全田发病情况	实查面积	调查株数	发病株数	病株率（%）	病情指数	施肥量	防治情况

表 A.5　烟草蚜传病毒病发生、防治基本情况记载表

调查人：________

植烟面积（hm²）　　耕地面积（hm²）　　植烟面积占耕地面积比例（%）

主栽品种　　播种期（月/日）　　移栽期（月/日）

发生面积（hm²）　　占耕地面积比例（%）

防治面积（hm²）　　占植烟面积比例（%）

发生程度　　实际损失（kg）　　挽回损失（kg）

发生与防治概况及简要分析

年　月　日

9.7　烟草病害预测预报调查规程　第7部分：白粉病（YC/T 341.7—2010）

烟草病害预测预报调查规程

第7部分：白粉病

1　范围

YC/T 341的本部分规定了烟草白粉病系统调查、大田普查、发生程度分级以及测报资料收集、汇报和汇总的方法。

本部分适用于各级测报站点对烟草白粉病的测报调查。

2　规范性引用文件

下列文件对于本文件的应用是必不可少的。凡是注日期的引用文件，仅注日期的版本适用于本文件。凡是不注日期的引用文件，其最新版本（包括所有的修改单）适用于本文件。

GB/T 23222 烟草病虫害分级调查方法

3　术语和定义

下列术语和定义适用于本文件。

3.1　系统调查 systematic investigation

为了解一个地区烟草病害的发生消长动态而进行的定点、定时、定方法的调查。

3.2　大田普查 general field investigation

为了解一个地区烟草病害整体发生情况，在较大范围内进行的多点调查。

3.3　挽回损失 saved loss

防治某种病害后挽回的产量或产值损失，即防治区比不防治对照区增加的产量或产值。

3.4　实际损失 actual loss

防治后仍因残存病害造成的产量或产值损失。

3.5　发生程度 loss degree

病害侵染烟草后造成危害或所造成损失的级别，一般根据病害病情指数或发病率来划分。

4　系统调查

4.1　调查间隔时间

田间出现白粉病病斑后，每5d调查一次，完全采收后结束。

4.2　调查田块

选择具有当地代表性气候的烟草种植区域，建立相对固定的观测圃，观测圃面积应大于 $667m^2$，种植品种为常年稳定感病品种。调查期间不施用防治该病的杀菌剂，调查期间不采收，其他栽培管理措施同当地常规大田。

4.3　调查方法

采用对角线 5 点取样方法，每点挂牌定 5 株，每 5d 调查一次，以叶片为单位全株调查，计算发病率和病情指数。结果记入烟草白粉病病情系统调查表（参见附录 A 中的表 A.1）。

5　大田普查

5.1　调查时间

在烟草团棵期、旺长期、打顶期、下部叶采收期、中部叶采收期各调查一次，同一地区每年调查时间应大致相同。

5.2　调查田块

根据不同区域、不同品种、不同田块类型选择代表性调查田块，每种类型田调查数量不少于 5 块。每块田块面积在 $667m^2$ 以上，普查总面积不少于当地种植面积的 1%。

5.3　调查方法

采用平行线取样方法，10 点取样，每点查 10 株，调查病株数，计算发病率和病情指数。结果记入烟草白粉病发病情况普查表（参见附录 A 中的表 A.2）。

6　发生程度分级

烟草白粉病发生程度分为 6 级，根据发生盛期的平均病情指数（以 M 表示）确定，病情指数计算按 GB/T 23222 的规定执行。各级指标见表 1。

表 1　烟草白粉病发生程度分级指标

级别	0（无发生）	1（轻度发生）	2（中等偏轻发生）	3（中等发生）	4（中等偏重发生）	5（严重发生）
病情指数	0	$0<M\leqslant5$	$5<M\leqslant15$	$15<M\leqslant25$	$25<M\leqslant40$	$M>40$

7　测报资料收集、调查数据汇报和汇总

7.1　测报资料收集

需要收集的测报资料包括：

a）当地种植的主要烟草品种、播种期、移栽期、种植面积、生育期和抗病性，以及其他必要的栽培管理资料；

b）气象台（站）主要气象要素的实测值和预测值（参见附录 A 中的表 A.6）。

7.2　测报资料汇报

区域性测报站每 5d 将相关汇总报表（参见附录 A 中的表 A.3、表 A.4 和表 A.5）报上级测报部门。

7.3　测报资料汇总

统计烟草白粉病发生期和发生量，并记载烟草种植和白粉病发生、防治情况，总结发生特点，进行原因分析（参见附录 A 中的表 A.5）。

附录 A

烟草病害测报调查资料表册

白粉病

（　　　年）

单　位：________________

地　址：________________

测报员：________________

负责人：________________

表 A.1　烟草白粉病病情系统调查表（　　年）

单位：________调查地点：________调查时间：________调查人：________

调查点序列号		各病级发病叶片数					病情指数	病株率（%）	备注
		1	3	5	7	9			
1	1								
	2								
	3								
	4								
	5								
…	…								
5	1								
	2								
	3								
	4								
	5								
平均									

表 A.2　烟草白粉病发病情况普查表（　　年）

单位：＿＿＿＿＿＿调查地点：＿＿＿＿＿＿田块类型：＿＿＿＿＿＿调查人：＿＿＿＿＿＿

田间编号	品种	生育期	实查株数	各病级株数						病株率（%）	病情指数
				0	1	3	5	7	9		
1											
2											
3											
4											
5											
6											
…											
10											
平均											

表 A.3　烟草白粉病系统调查汇总表（　　年）

单位：＿＿＿＿＿＿调查地点：＿＿＿＿＿＿调查人：＿＿＿＿＿＿

调查日期	田块类型	品种名称	生育期	调查株数	病株数	病株率（%）	病情指数	备注

表 A.4　烟草白粉病普查汇总表（　　年）

单位：__________调查地点：__________田块类型：__________调查人：__________

调查日期	田块编号	品种名称	移栽期	生育期	田块面积（hm^2）	全田发病情况	实查面积（hm^2）	调查株数	发病株数	发病率（%）	病情指数	施肥量	防治情况

表 A.5　烟草白粉病发生、防治基本情况记载表（　　年）

调查人：__________

植烟面积（hm^2）：　　耕地面积（hm^2）：　　植烟面积占耕地面积比例（%）：

主栽品种：　　播种期（月/日）：　　移栽期（月/日）：

发生面积（hm^2）：　　占植烟面积比例（%）：

防治面积（hm^2）：　　占植烟面积比例（%）：

发生程度：　　实际损失 a（kg 或元）：　　挽回损失 b（kg 或元）：

发生与防治概况及简要分析：

年　　月　　日

a 实际损失＝未发病区产量或产值—防治区产量或产值

b 挽回损失＝防治区产量或产值—对照区（未防治区）产量或产值

表 A.6　主要气象要素记载表（　　年）

调查人：________

日期		最高温（℃）	最低温（℃）	均温（℃）	相对湿度（%）	降雨量（mm）	日照时数（h）	备注
月	日							
上旬								
中旬								
下旬								
月								
注	最后四行除最高温和最低温外，其余均为平均数。							

图书在版编目（CIP）数据

漂浮育苗病虫害物理防治技术与应用 / 周为华，易忠经，刘滨疆主编 .—北京：中国农业出版社，2016.7
ISBN 978-7-109-21541-2

Ⅰ.①漂… Ⅱ.①周… ②易… ③刘… Ⅲ.①烟草—育苗—病虫害防治 Ⅳ.①S572.043

中国版本图书馆 CIP 数据核字（2016）第 063496 号

中国农业出版社出版
（北京市朝阳区麦子店街 18 号楼）
（邮政编码 100125）
责任编辑 郑 君

北京万友印刷有限公司印刷 新华书店北京发行所发行
2016 年 7 月第 1 版 2016 年 7 月北京第 1 次印刷

开本：700mm×1000mm 1/16 印张：14
字数：252 千字
定价：56.00 元